生物化学学习指导

白　玲　主编

化 学 工 业 出 版 社
生物·医药出版分社
·北京·

本书是生物化学课程的学习指导用书，对生物化学各章的基础知识、基本概念、习题练习、综合测试等方面进行辅导，为平时学习和期末复习提供参考。

本书着眼点在于培养和提高学生的分析能力，通过内容精讲复习课程的重点内容，并通过解题以加深对基础知识、基本理论的理解和掌握，提高学生的学习效率。习题练习、综合测试均有标准答案，有助于学生检验自己对于该课程的掌握程度。

本书主要作为高职高专医学卫生、生物化学、药学等相关专业的配套、教学参考书和学习指导书，也可作为相关专业人员进行知识更新和继续教育的辅助工具书。

图书在版编目（CIP）数据

生物化学学习指导/白玲主编. —北京：化学工业出版社，2008.4（2024.2重印）
ISBN 978-7-122-02319-3

Ⅰ. 生… Ⅱ. 白… Ⅲ. 生物化学-高等学校-教学参考资料 Ⅳ. Q5

中国版本图书馆 CIP 数据核字（2008）第 032301 号

责任编辑：陈燕杰　余晓捷　　　　　　　文字编辑：俞方远
责任校对：战河红　　　　　　　　　　　装帧设计：关　飞

出版发行：化学工业出版社　生物·医药出版分社（北京市东城区青年湖南街 13 号　邮政编码 100011）
印　　装：北京建宏印刷有限公司
787mm×1092mm　1/16　印张 8　字数 197 千字　　2024 年 2 月北京第 1 版第 9 次印刷

购书咨询：010-64518888　　　　　　　售后服务：010-64518899
网　　址：http://www.cip.com.cn
凡购买本书，如有缺损质量问题，本社销售中心负责调换。

定　价：26.00 元

本书编写人员

主　　编　白　玲

主　　审　刘永明

副 主 编　苏何玲　马义丽

编写人员　（以姓氏笔画为序）

马义丽　白　玲　朱　华　刘永明

刘青波　苏何玲　李红艳　陈　莉

莫之婧

前　言

生物化学作为从分子水平和化学变化的本质上阐述各种生命现象的学科，其理论与技术在医学、药学领域有着极其广泛的应用，因而也是临床医学、药学及相关专业的重要基础课程。考虑到该课程内容比较抽象复杂，初学者不易理解与掌握，我们根据临床医学、药学及相关专业专科和高职教育的要求和特点，通过多年的教学实践，以精讲和习题形式介绍生物化学的基本内容，以指导学生复习和理解知识，更好地掌握生物化学基础知识。

本学习指导由"内容精讲"、"习题练习"、"综合测试"、"参考答案"四个部分组成。"内容精讲"概括介绍每章需要重点学习掌握的基本概念、主要内容及相互联系。重点突出、分析归纳条理清楚。"习题练习"分为选择题、填空题、判断题、名词解释及问答题等多种形式，围绕教学基本要求进行设计，以帮助学生理解、记忆教学内容，并供学生自我检测对知识的掌握程度。习题附有相应参考答案，有助于学生备考使用。"综合测试"给学生提供了考前模拟训练条件。

由于编者的学识水平有限，书中难免存在错漏和不足。敬请读者批评指正。

白玲

2008 年 1 月

目　录

第一章　蛋白质化学 ……………………………………………………………………… 1
　第一节　蛋白质的化学组成 …………………………………………………………… 1
　　一、蛋白质的元素组成 ……………………………………………………………… 1
　　二、蛋白质的基本结构单位——氨基酸 …………………………………………… 1
　第二节　蛋白质的分子结构 …………………………………………………………… 2
　　一、蛋白质的一级结构 ……………………………………………………………… 2
　　二、蛋白质的空间结构 ……………………………………………………………… 2
　第三节　蛋白质结构与功能的关系 …………………………………………………… 3
　　一、蛋白质的一级结构与功能的关系 ……………………………………………… 3
　　二、蛋白质的空间结构与功能的关系 ……………………………………………… 3
　　三、蛋白质结构的改变与疾病 ……………………………………………………… 3
　第四节　蛋白质的理化性质 …………………………………………………………… 3
　　一、两性解离性质 …………………………………………………………………… 3
　　二、蛋白质的高分子性质 …………………………………………………………… 3
　　三、蛋白质的变性 …………………………………………………………………… 4
　　四、蛋白质的沉淀 …………………………………………………………………… 4
　　五、蛋白质的紫外吸收性质与呈色反应 …………………………………………… 4
　第五节　蛋白质的分类 ………………………………………………………………… 5
　　一、根据蛋白质化学组成分类 ……………………………………………………… 5
　　二、根据蛋白质分子功能分类 ……………………………………………………… 5
　　三、根据蛋白质分子形状分类 ……………………………………………………… 5
　　四、根据蛋白质溶解度分类 ………………………………………………………… 5
　习题练习 ………………………………………………………………………………… 5
第二章　核酸化学 ………………………………………………………………………… 8
　第一节　核酸的一般概述 ……………………………………………………………… 8
　第二节　核酸的分子组成 ……………………………………………………………… 8
　　一、核酸的元素组成 ………………………………………………………………… 8
　　二、核酸的基本结构单位——核苷酸 ……………………………………………… 8
　　三、体内重要的游离核苷酸及其衍生物 …………………………………………… 9
　第三节　核酸的分子结构 ……………………………………………………………… 9
　　一、核酸中核苷酸间的连接 ………………………………………………………… 9
　　二、DNA 的分子结构 ………………………………………………………………… 9
　　三、RNA 的分子结构 ………………………………………………………………… 10
　第四节　核酸的理化性质和应用 ……………………………………………………… 10
　　一、核酸的酸碱性质 ………………………………………………………………… 10
　　二、核酸的高分子性质 ……………………………………………………………… 10
　　三、核酸的紫外吸收 ………………………………………………………………… 10
　　四、核酸的变性、复性与杂交 ……………………………………………………… 11
　习题练习 ………………………………………………………………………………… 11

第三章 酶 ·· 15

第一节 酶的一般概念 ··· 15

第二节 酶的结构与功能 ·· 15

　　一、酶的化学组成 ·· 15

　　二、酶的活性中心 ·· 15

　　三、酶原和酶原的激活 ·· 16

　　四、同工酶 ·· 16

第三节 酶的催化机制 ··· 16

第四节 酶促反应动力学 ·· 16

　　一、底物浓度的影响 ··· 16

　　二、酶浓度的影响 ·· 17

　　三、pH 的影响 ··· 17

　　四、温度的影响 ·· 17

　　五、激活剂的影响 ·· 17

　　六、抑制剂的影响 ·· 17

第五节 酶的分类和命名 ·· 18

　　一、酶的分类 ··· 18

　　二、酶的命名 ··· 18

第六节 酶与医学的关系 ·· 18

　　一、酶与疾病的关系 ··· 18

　　二、酶与疾病的诊断 ··· 19

　　三、酶与疾病的治疗 ··· 19

习题练习 ··· 19

第四章 糖代谢 ··· 23

第一节 概述 ··· 23

　　一、糖的概念 ··· 23

　　二、糖的分类 ··· 23

　　三、糖的生理功能 ·· 23

　　四、糖的消化吸收 ·· 23

　　五、糖代谢概况 ·· 23

第二节 糖的分解代谢 ··· 23

　　一、糖的无氧分解 ·· 23

　　二、糖的有氧氧化 ·· 25

　　三、磷酸戊糖途径 ·· 26

第三节 糖原的合成与分解 ··· 26

　　一、糖原合成 ··· 26

　　二、糖原分解 ··· 26

　　三、糖原代谢的调节 ··· 27

　　四、糖原合成与分解的意义 ·· 27

第四节 糖异生 ··· 27

　　一、概述 ··· 27

　　二、糖异生的途径 ·· 27

　　三、糖异生的调节 ·· 27

　　四、糖异生的生理意义 ·· 27

　　　五、乳酸循环 ································· 27
　　第五节　血糖及其浓度调节 ················· 27
　　　一、血糖的来源和去路 ··················· 27
　　　二、血糖浓度的调节 ····················· 28
　　　三、血糖水平异常 ······················· 28
　　习题练习 ······························· 28

第五章　生物氧化 ································· 33
　　第一节　生物氧化概述 ··················· 33
　　　一、生物氧化的概念和分类 ··············· 33
　　　二、生物氧化的特点 ····················· 33
　　　三、生物氧化反应的类型 ················· 33
　　　四、生物氧化反应的酶类 ················· 33
　　　五、生物氧化过程中 CO_2 的生成 ········· 33
　　第二节　线粒体氧化体系 ················· 33
　　　一、呼吸链的组成及电子传递顺序 ········· 34
　　　二、生物氧化过程中 ATP 的生成 ········· 34
　　　三、线粒体外 NADH 的转运 ············· 35
　　　四、ATP 的生理功用 ··················· 35
　　第三节　非线粒体氧化体系 ··············· 35
　　　一、微粒体氧化体系 ····················· 36
　　　二、过氧化物酶体氧化体系 ··············· 36
　　习题练习 ······························· 36

第六章　脂类代谢 ································· 39
　　第一节　脂类的组成、分布及生理功能 ······· 39
　　　一、体内主要的脂类 ····················· 39
　　　二、脂类的分布 ························· 39
　　　三、脂类的生理作用 ····················· 39
　　第二节　脂类的消化和吸收 ··············· 39
　　　一、脂类的消化 ························· 39
　　　二、脂类的吸收 ························· 39
　　第三节　血脂与血浆脂蛋白 ··············· 40
　　　一、血脂与血浆脂蛋白的组成及含量 ······· 40
　　　二、血浆脂蛋白的代谢 ··················· 40
　　　三、高脂血症 ··························· 40
　　第四节　甘油三酯的中间代谢 ············· 40
　　　一、甘油三酯的分解代谢 ················· 40
　　　二、甘油三酯的合成代谢 ················· 42
　　　三、多不饱和脂肪酸的重要衍生物 ········· 42
　　第五节　磷脂的代谢 ····················· 43
　　　一、基本结构与分类 ····················· 43
　　　二、甘油磷脂的合成代谢与脂肪肝 ········· 43
　　　三、甘油磷脂的分解代谢 ················· 43
　　第六节　胆固醇的代谢 ··················· 43
　　　一、胆固醇的消化与吸收 ················· 43

二、胆固醇的合成 ……………………………………………………… 43
三、胆固醇在体内的转变与排泄 ……………………………………… 44
习题练习 …………………………………………………………………… 44

第七章 蛋白质分解代谢 ……………………………………………… 49

第一节 蛋白质的营养作用 …………………………………………… 49
一、蛋白质的生理功用 ………………………………………………… 49
二、蛋白质的需要量 …………………………………………………… 49
三、蛋白质的营养价值 ………………………………………………… 49

第二节 蛋白质的消化、吸收与腐败 ………………………………… 49
一、蛋白质的消化 ……………………………………………………… 49
二、蛋白质的吸收 ……………………………………………………… 50
三、蛋白质的腐败作用 ………………………………………………… 50

第三节 氨基酸的一般代谢 …………………………………………… 50
一、体内氨基酸的代谢概况 …………………………………………… 50
二、氨基酸的脱氨基作用 ……………………………………………… 50
三、α-酮酸的代谢 ……………………………………………………… 51
四、氨的代谢 …………………………………………………………… 51
五、氨基酸的脱羧基作用 ……………………………………………… 52

第四节 个别氨基酸的代谢 …………………………………………… 52
一、一碳单位代谢 ……………………………………………………… 52
二、含硫氨基酸代谢 …………………………………………………… 52
三、芳香族氨基酸代谢 ………………………………………………… 52
习题练习 …………………………………………………………………… 52

第八章 核苷酸代谢 …………………………………………………… 56

第一节 核苷酸的合成代谢 …………………………………………… 56
一、嘌呤核苷酸的合成 ………………………………………………… 56
二、嘧啶核苷酸的合成 ………………………………………………… 56
三、脱氧核糖核苷酸的合成 …………………………………………… 57
四、核苷酸的抗代谢物及临床应用 …………………………………… 57

第二节 核苷酸的分解代谢 …………………………………………… 57
一、嘌呤核苷酸的分解代谢 …………………………………………… 57
二、嘧啶核苷酸的分解代谢 …………………………………………… 57
习题练习 …………………………………………………………………… 57

第九章 物质代谢的联系与调节 ……………………………………… 60

第一节 概述 …………………………………………………………… 60
一、体内物质代谢的特点 ……………………………………………… 60
二、代谢调节的三级水平 ……………………………………………… 60

第二节 物质代谢的相互联系 ………………………………………… 60

第三节 细胞水平的代谢调节 ………………………………………… 60
一、多酶体系和限速酶 ………………………………………………… 60
二、酶结构的调节 ……………………………………………………… 60
三、酶含量的调节 ……………………………………………………… 61
四、酶在亚细胞结构中的隔离分布 …………………………………… 61

第四节 激素水平的代谢调节 ………………………………………… 62

一、激素分类 ·· 62

二、膜受体激素的信号转导途径 ·· 62

三、胞内受体激素的信号转导途径 ··· 62

第五节　整体水平的代谢调节 ··· 62

一、饥饿情况下的代谢调节 ··· 62

二、应激情况下的代谢调节 ··· 62

习题练习 ·· 62

第十章　肝胆生化 ·· 66

第一节　肝在物质代谢中的作用 ·· 66

一、肝在糖代谢中的作用 ·· 66

二、肝在脂类代谢中的作用 ··· 66

三、肝在蛋白质代谢中的作用 ··· 66

四、肝在维生素代谢中的作用 ··· 66

五、肝在激素代谢中的作用——参与激素的灭活 ······························· 66

六、肝功能受损时各代谢紊乱的表现及其原因 ··································· 66

第二节　肝的生物转化作用 ··· 67

一、非营养性物质 ··· 67

二、生物转化作用概述 ··· 67

三、生物转化反应类型及酶系 ··· 67

四、影响生物转化作用的因素 ··· 67

第三节　胆汁酸代谢 ··· 67

一、胆汁的作用及化学组成 ··· 67

二、胆汁酸的分类 ··· 68

三、胆汁酸的代谢 ··· 68

四、胆汁酸的生理功能 ··· 68

第四节　胆色素代谢 ··· 68

一、胆红素的来源与生成 ·· 68

二、胆红素在血中的运输 ·· 69

三、胆红素在肝内的转变 ·· 69

四、胆红素在肠中的转变及胆色素的肠肝循环 ··································· 69

五、血清胆红素与黄疸 ··· 69

习题练习 ·· 70

第十一章　DNA 的生物合成——复制 ··· 73

第一节　概述 ·· 73

一、基因 ··· 73

二、遗传信息传递的中心法则 ··· 73

第二节　染色体 DNA 的复制 ··· 73

一、DNA 的复制 ··· 73

二、参与 DNA 复制的物质 ··· 73

三、复制的基本过程 ··· 74

四、逆转录 ·· 74

第三节　DNA 损伤与修复 ·· 74

一、DNA 损伤 ·· 74

二、引起 DNA 损伤的因素 ……………………………………………………… 75

三、DNA 损伤的类型 …………………………………………………………… 75

四、DNA 损伤的修复 …………………………………………………………… 75

习题练习 …………………………………………………………………………… 75

第十二章 RNA 的生物合成——转录 ………………………………………… 79

第一节 概述 ……………………………………………………………………… 79

一、转录的概念 …………………………………………………………………… 79

二、转录与复制的比较 …………………………………………………………… 79

第二节 RNA 的转录体系 ………………………………………………………… 79

一、DNA 模板 …………………………………………………………………… 79

二、RNA 聚合酶 ………………………………………………………………… 79

第三节 RNA 转录的基本过程 …………………………………………………… 80

一、起始阶段 ……………………………………………………………………… 80

二、延长阶段 ……………………………………………………………………… 80

三、终止阶段 ……………………………………………………………………… 80

第四节 RNA 转录后的加工过程 ………………………………………………… 80

一、mRNA 转录后的加工 ……………………………………………………… 80

二、tRNA 转录后的加工 ……………………………………………………… 80

三、rRNA 转录后的加工 ……………………………………………………… 81

习题练习 …………………………………………………………………………… 81

第十三章 蛋白质的生物合成——翻译 ……………………………………… 84

第一节 蛋白质生物合成体系 …………………………………………………… 84

一、多肽链合成的直接模板——mRNA ……………………………………… 84

二、氨基酸的"搬运工具"——tRNA ………………………………………… 84

三、肽链合成的"装配机"——核蛋白体 …………………………………… 84

第二节 蛋白质生物合成过程 …………………………………………………… 84

一、氨基酸的活化与转运 ………………………………………………………… 84

二、肽链合成的起始（以原核生物为例） …………………………………… 85

三、肽链的延长 …………………………………………………………………… 85

四、肽链的终止 …………………………………………………………………… 85

五、蛋白质空间构象折叠与其他翻译后的加工 ……………………………… 85

第三节 蛋白质合成与医学 ……………………………………………………… 85

一、分子病 ………………………………………………………………………… 85

二、抗生素对蛋白质合成的影响机理 ………………………………………… 85

习题练习 …………………………………………………………………………… 86

第十四章 基因工程与 PCR …………………………………………………… 89

第一节 基因工程 ………………………………………………………………… 89

一、基因工程基本概念 …………………………………………………………… 89

二、基因工程主要步骤 …………………………………………………………… 89

三、基因工程在医学中的应用 ………………………………………………… 90

第二节 聚合酶链式反应（PCR） ……………………………………………… 90

一、聚合酶链式反应（PCR）的概念 ………………………………………… 90

二、PCR 的工作原理 …………………………………………………………… 90

三、PCR 技术的应用 …………………………………………………………………… 90

习题练习 …………………………………………………………………………………… 90

综合测试题一 …………………………………………………………………………… 94

综合测试题二 …………………………………………………………………………… 99

参考答案 ………………………………………………………………………………… 103

三、PCR 技术及应用 …………………………………………… (　)

习题二 …………………………………………………………… (　)

综合测试题一 …………………………………………………… (　)

综合测试题二 …………………………………………………… (　)

参考答案 ………………………………………………………… (　)

第一章 蛋白质化学

【内容精讲】

第一节 蛋白质的化学组成

一、蛋白质的元素组成

（1）主要元素 碳、氢、氧、氮。

（2）次要元素 硫、磷、铁、锰、锌、碘等。

（3）蛋白质的平均含氮量 16%左右，每克样品中蛋白质的含量＝每克样品的含氮量×6.25。

二、蛋白质的基本结构单位——氨基酸

1. 氨基酸的结构及特点

（1）氨基酸的结构 构成天然蛋白质的 20 种氨基酸，除甘氨酸外，其余均为 L-α-氨基酸。

（2）α-氨基酸的结构通式 不同的氨基酸 R 基团不同。

$$H_2N-\underset{\underset{R(侧链)}{|}}{\overset{\overset{COOH}{|}}{C}}-H$$

2. 氨基酸的分类

根据氨基酸 R 基团的结构与性质分为以下四类。

（1）非极性或疏水性氨基酸 丙氨酸、亮氨酸等。

（2）极性非解离氨基酸 甘氨酸、丝氨酸、苏氨酸等。

（3）酸性氨基酸 谷氨酸、天冬氨酸。

（4）碱性氨基酸 赖氨酸、精氨酸、组氨酸。

3. 氨基酸的主要理化性质

（1）氨基酸的两性解离及等电点

① 两性解离：氨基酸同时含有氨基和羧基，氨基可接受质子而形成 NH_3^+，具有碱性；羧基可释放质子而解离形成 COO^-，具有酸性。

② 等电点（pI）：使某氨基酸解离所带正、负电荷数相等，净电荷为零时的溶液 pH 称为该氨基酸的等电点。

（2）紫外吸收性质 色氨酸、酪氨酸等芳香族氨基酸在 280nm 波长处有特征性吸收峰，可作为蛋白质定量测定的简便方法。

（3）氨基酸的呈色反应 氨基酸＋茚三酮──→蓝紫色化合物（脯氨酸呈黄色）。

4. 蛋白质分子中氨基酸的连接方式

（1）肽键 在蛋白质分子中，一个氨基酸的 α-羧基与另一个氨基酸的 α-氨基脱水形成的化学键，也称为酰胺键（—CO—NH—）。

（2）肽键的性质 为共价键、有部分双键的性质（不能自由旋转）。

（3）肽平面（酰胺平面）　与肽键相连的四个原子处于同一平面，称为酰胺平面。

（4）肽及多肽　氨基酸与氨基酸之间通过肽键连接而成的化合物称为肽。2 个氨基酸形成的肽称为二肽，3 个氨基酸形成的肽称为三肽，依此类推。通常将十肽以下者称为寡肽，十肽以上者称为多肽。

（5）多肽链　由多个氨基酸借助肽键连接而成的链状化合物。

① 主链与侧链：肽键和 α-碳原子构成多肽链的主链，每一个氨基酸残基上的 R 基团为侧链。

② 多肽链的方向：多肽链的书写和阅读方向是从氨基末端（N-末端）至羧基末端（C-末端）。

③ 氨基酸残基：在多肽链中，由于氨基酸的氨基或羧基参与肽键的形成而使氨基酸的基团不完整，故称为氨基酸残基。

第二节　蛋白质的分子结构

蛋白质分子的结构可分为一级结构、二级结构、三级结构和四级结构四种层次。一级结构是基本结构，二级结构、三级结构和四级结构是高级结构，又称空间结构或构象。

一、蛋白质的一级结构

（1）一级结构　蛋白质的一级结构是指蛋白质多肽链中氨基酸的排列顺序。

（2）维系键　肽键（少数还有二硫键）。

二、蛋白质的空间结构

蛋白质的空间结构是指蛋白质分子中各种原子、基团在三维空间上的相对位置。包括蛋白质的二级结构、三级结构、四级结构。

1. 维持空间结构的化学键

维持蛋白质分子空间结构的化学键包括氢键、疏水键、盐键和范德华力等次级键，也称副键。

2. 蛋白质的二级结构

（1）概念　蛋白质的二级结构指蛋白质多肽链中主链原子在局部空间的排布，不包括氨基酸残基侧链的构象。

（2）维系键　氢键。

（3）类型　α-螺旋、β-折叠、β-转角和无规则卷曲。

① α-螺旋：指蛋白质多肽链中的肽平面通过氨基酸的 α-碳原子旋转，沿长轴方向按一定规律盘绕形成的螺旋形结构。其结构特点为：多为右手螺旋；每圈含 3.6 个氨基酸残基，螺距 0.54nm；链内氢键维系；R 基团在螺旋外侧，其大小、电荷性质对螺旋的形成与稳定有重要影响。

② β-折叠：指蛋白质多肽链中的肽键平面折叠成锯齿状结构，又称 β-片层结构。其结构特点为：肽链延伸，肽平面之间折叠成锯齿状；若干肽段的 β-折叠结构通过氢键连接形成顺向平行或反向平行排列；R 基团分布于片层的上、下。

③ β-转角：指蛋白质多肽链进行 180°回折所形成的构象，又称 β-回折。

④ 无规则卷曲：指蛋白质多肽链没有确定规律的折叠。

3. 蛋白质的三级结构

（1）概念　蛋白质的三级结构是指整条肽链中全部氨基酸残基的相对空间位置，即肽链中所有原子在三维空间的排布位置。蛋白质分子在二级结构基础上进一步卷曲折叠成有一定规律的复杂构象。

（2）维系键　各种次级键，其中疏水键具有重要作用。

（3）三级结构的重要性　①使蛋白质分子形成某种特定的形状；②使蛋白质分子具有亲水胶体特征；③使功能蛋白质的活性部位得以形成。研究证明，具有三级结构的蛋白质才具有生物学功能。

4. 蛋白质的四级结构

（1）概念　由两个或两个以上具有独立三级结构的多肽链借次级键连接而成的复杂结构，称为蛋白质的四级结构。

蛋白质四级结构中每条具有独立三级结构的多肽链单位称为亚基或亚单位。

（2）维系键　各种次级键（二硫键除外）。

对于具有四级结构的蛋白质来说，单独的亚基一般无生物学活性，只有完整四级结构的蛋白质分子才有生物学活性。

第三节　蛋白质结构与功能的关系

一、蛋白质的一级结构与功能的关系

蛋白质的一级结构决定其空间结构，而空间结构决定其生物学功能。

① 蛋白质一级结构不同，生物学功能各异。

② 一级结构中"关键"部分相同，其功能也相似（如不同动物来源的胰岛素）。

③ 一级结构中"关键"部分变化，其生物学活性也改变（如催产素和加压素）。

二、蛋白质的空间结构与功能的关系

① 蛋白质的空间结构是其生物学活性的基础，空间结构发生改变则功能活性也发生改变。

② 变（别）构效应：指一些蛋白质由于受某些因素的影响，其一级结构不变而空间结构发生一定的变化，导致其生物功能的改变。

三、蛋白质结构的改变与疾病

① 一级结构的改变与分子病（镰刀状红细胞贫血）。

② 蛋白质构象病（一级结构不变而空间结构发生改变引起的疾病，如疯牛病）。

第四节　蛋白质的理化性质

一、两性解离性质

（1）蛋白质的两性解离　蛋白质由氨基酸组成，除多肽链两端的自由氨基与羧基外，多肽链中的氨基酸残基也存在可解离的酸性和碱性基团，从而使蛋白质既能解离成阳离子，又能解离成阴离子，这种特性称为蛋白质的两性解离。

（2）蛋白质的等电点　使蛋白质所带正负电荷相等，净电荷为零时溶液的 pH 值。

（3）应用　电泳、等电点沉淀等。

二、蛋白质的高分子性质

① 蛋白质是高分子化合物，在水溶液中可形成亲水胶体，具有不易透过半透膜、扩散慢、黏度大等高分子性质。

② 蛋白质水溶液是稳定的亲水胶体溶液，其稳定因素有二：a. 蛋白质表面的水化层；

b. 蛋白质表面的电荷层。

③ 蛋白质胶体不能透过半透膜，所以可用透析的方法除去混杂在蛋白质溶液中的低分子杂质而纯化蛋白质。

三、蛋白质的变性

1. 概念

在某些理化因素的作用下，蛋白质特定的空间结构破坏而导致理化性质改变和生物学活性丧失，这种现象称为蛋白质的变性。

2. 变性因素

(1) 物理因素　加热、紫外线、X射线、震动、高压、超声波等。

(2) 化学因素　强酸、强碱、重金属盐、高浓度尿素、丙酮、乙醇及盐酸胍等。

3. 变性原理

次级键断裂、空间结构破坏，但不涉及主链断裂，故一级结构完整。

4. 变性结果

① 理化性质改变：黏度增加、溶解度下降、易被蛋白酶水解等。

② 生物学活性丧失。

5. 变性理论的应用

① 用乙醇、加热、紫外线消毒灭菌。

② 制备与保存疫苗、酶、抗体、血清等蛋白质制剂。

③ 在中草药和发酵药物生产中去除蛋白质杂质。

四、蛋白质的沉淀

1. 概念

分散在溶液中的蛋白质分子聚集而从溶液中析出的现象，称为蛋白质的沉淀。

2. 主要方法

(1) 盐析

① 概念：向蛋白质溶液中加入高浓度的中性盐使蛋白质溶解度降低而从溶液中析出的现象，称为盐析。

② 原理：a. 破坏蛋白质分子表面水化层；b. 中和蛋白质分子表面电荷。

③ 常用的中性盐：$(NH_4)_2SO_4$、Na_2SO_4 及 $MgSO_4$ 等。

(2) 有机溶剂沉淀法　如乙醇、甲醇、丙酮、甲醛等能破坏蛋白质的水化层而使蛋白质沉淀。在等电点时沉淀效果更好；低温条件下沉淀可防止蛋白质变性失活。

(3) 重金属盐沉淀法　pH>pI 时，蛋白质在溶液中呈阴离子，可与重金属离子（如 Hg^{2+}、Pb^{2+}、Cu^{2+}、Ag^+ 等）结合生成不溶于水的蛋白质盐沉淀。

(4) 生物碱试剂沉淀法　pH<pI 时，蛋白质在溶液中呈阳离子，可与一些生物碱试剂（如鞣酸、苦味酸、磷钨酸、碘化钾等）结合生成不溶性蛋白质盐沉淀。

(5) 加热凝固　加热使蛋白质变性形成凝块。变性与沉淀的关系为变性的蛋白质易于沉淀，但沉淀的蛋白质并不一定变性。

五、蛋白质的紫外吸收性质与呈色反应

(1) 蛋白质的吸收光谱　蛋白质分子因含酪氨酸和色氨酸残基而具有紫外吸收能力，最大吸收峰在280nm处，因此，280nm吸收值的测定常用于蛋白质的定量测定。

(2) 呈色反应　蛋白质分子可与多种化学试剂反应生成有色化合物，包括茚三酮反应、双缩脲反应及酚试剂反应等。

第五节 蛋白质的分类

一、根据蛋白质化学组成分类

（1）单纯蛋白质 全部由氨基酸组成，包括清蛋白、乳清蛋白、球蛋白、谷蛋白、精蛋白、组蛋白、硬蛋白等。

（2）结合蛋白质 由氨基酸和其他成分组成的蛋白质（辅基），包括糖蛋白、脂蛋白、核蛋白、磷蛋白、金属蛋白和色蛋白等。

二、根据蛋白质分子功能分类

酶（催化蛋白）、收缩蛋白、遗传相关蛋白、调节或激素蛋白、免疫蛋白、转运蛋白、储存蛋白和结构蛋白等。

三、根据蛋白质分子形状分类

（1）球状蛋白质 长短轴之比小于5：1，多为活性蛋白质，如酶、抗体等。

（2）纤维状蛋白质 长短轴之比大于5：1，多为结构蛋白，如胶原蛋白、弹性蛋白等。

四、根据蛋白质溶解度分类

可溶性蛋白质、醇溶性蛋白质和不溶性蛋白质。

【习题练习】

一、选择题

（一）最佳选择题（从四个备选答案中选出一个正确答案）

1. 测得某生物样品含氮量为100g，则它的蛋白质含量约为（   ）

A. $100 \times 6.25g$ B. $100 \times 16g$ C. $100 \div 6.25g$ D. $100 \div 16g$

2. 组成天然蛋白质的20种氨基酸除甘氨酸和脯氨酸外，都是（   ）

A. $L-\alpha-$氨基酸   B. $L-\beta-$氨基酸   C. $D-\alpha-$氨基酸   D. $D-\beta-$氨基酸

3. 根据氨基酸的吸收光谱，下列氨基酸在280nm有最大紫外吸收峰的是（   ）

A. 赖氨酸   B. 谷氨酸   C. 色氨酸   D. 甲硫氨酸

4. 在多肽链中能形成二硫键的氨基酸残基是（   ）

A. 甲硫氨酸   B. 赖氨酸   C. 半胱氨酸   D. 天冬氨酸

5. 下列哪组氨基酸均是酸性氨基酸（   ）

A. 天冬氨酸、蛋氨酸   B. 蛋氨酸、色氨酸

C. 谷氨酸、色氨酸   D. 天冬氨酸、谷氨酸

6. 主链构象指的是蛋白质的（   ）

A. 一级结构   B. 二级结构   C. 三级结构   D. 四级结构

7. 维持蛋白质一级结构的最主要的化学键是（   ）

A. 氢键   B. 磷酸二酯键   C. 肽键   D. 盐键

8. 蛋白质的二级结构是指（   ）

A. 蛋白质分子中氨基酸的排列顺序   B. 多肽链中主链原子在局部空间的排列

C. 氨基酸残基侧链间的结合   D. 亚基间的空间排布

9. 蛋白质的α-螺旋、β-折叠、β-转角都属于（   ）

A. 一级结构   B. 二级结构   C. 三级结构   D. 四级结构

10. 维持蛋白质二级结构最主要的化学键是（   ）

A. 氢键　　B. 磷酸二酯键　　C. 肽键　　D. 盐键

11. 蛋白质分子 α-螺旋结构的特点不包括（　　）

A. 右手螺旋、侧链在外　　　　B. 螺距 0.54nm、氢键维系

C. 是比较伸展的锯齿状结构　　D. 脯氨酸残基妨碍 α-螺旋的形成

12. 维持蛋白质三级结构最重要的化学键是（　　）

A. 氢键　　B. 疏水键　　C. 肽键　　D. 盐键

13. 蛋白质分子各个亚基间的结合力不包括（　　）

A. 氢键　　B. 疏水键　　C. 盐键　　D. 二硫键

14. 蛋白质在等电点的带电荷情况是（　　）

A. 只带正电荷　　B. 只带负电荷　　C. 不带电荷　　D. 带等量的正、负电荷

15. 下列关于蛋白质等电点的叙述，不正确的为（　　）

A. 蛋白质在等电点时易发生沉淀

B. 蛋白质在等电点时不带电荷

C. 蛋白质在等电点时，于电场中不泳动

D. 蛋白质在 pH 高于等电点的溶液中带负电荷

16. 利用透析方法分离蛋白质是利用了蛋白质性质中的（　　）

A. 两性解离性质　　B. 变性性质　　C. 高分子性质　　D. 紫外吸收性质

17. 下列有关蛋白质变性与沉淀的说法，正确的是（　　）

A. 变性的蛋白质一定沉淀　　　　B. 蛋白质发生沉淀一定已变性

C. 变性的蛋白质一定不沉淀　　　D. 蛋白质发生沉淀未必已变性

18. 蛋白质变性的后果不包括（　　）

A. 易被蛋白酶水解　　B. 易沉淀　　C. 肽键断裂　　D. 生物学活性丧失

19. 蛋白质结构与功能的关系中，叙述错误的是（　　）

A. 蛋白质一级结构是空间结构的基础，而空间结构与生物学功能直接相关

B. 一级结构中"关键"部分相同，其功能相似

C. 一级结构中"关键"部分变化，其生物学活性也丧失

D. 蛋白质的一级结构是其生物活性的基础

20. 蛋白质的一级结构不变而空间结构发生改变引起的疾病称为（　　）

A. 分子病　　B. 遗传病　　C. 传染病　　D. 蛋白质构象病

21. 为了尽可能保持蛋白质的生物学活性，你选用下列哪种沉淀方法（　　）

A. 中性盐沉淀（盐析）　　B. 有机溶剂沉淀　　C. 重金属盐沉淀　　D. 有机酸沉淀

（二）配伍选择题（每题从四个备选项中选出一个最佳答案，备选项可重复选用）

[1～3]

A. 空间结构破坏　　B. 四级结构形成　　C. 一级结构破坏　　D. 一级结构形成

1. 亚基聚合时（　　）

2. 蛋白酶水解时（　　）

3. 蛋白质变性时（　　）

[4～7]

A. 天冬氨酸　　B. 半胱氨酸　　C. 组氨酸　　D. 色氨酸

4. 碱性氨基酸（　　）

5. 含有两个羧基的氨基酸（　　）

6. 含巯基的氨基酸（　　）

7. 导致蛋白质紫外吸收特性的氨基酸（　　）

二、填空题

1. 根据侧链 R 基团的结构和性质可将组成蛋白质的 20 种天然氨基酸分为_____、_____、_____和_____四类。
2. 各种蛋白质的含氮量很接近，平均为_____。
3. 多肽链的两端分别是_____和_____。
4. 蛋白质的二级结构有_____、_____、_____和_____四种类型。
5. 镰刀形红细胞贫血患者血红蛋白 β 亚基的第六位氨基酸是_____。
6. 维系蛋白质一、二、三、四级结构稳定的主要化学键有（依次为）_____、_____、_____和_____。
7. 蛋白质的 α-螺旋结构中，螺旋走向为_____，每_____个氨基酸残基螺旋上升一圈。
8. 氨基酸是两性电解质，其解离方式取决于所处溶液的_____。
9. 维持蛋白质亲水胶体稳定的两个主要因素是_____和_____。
10. 根据蛋白质分子的形状可将其分_____和_____两类。
11. 沉淀蛋白质的常用方法有_____、_____、_____和_____四种。

三、判断题

1. （　　）只有具有四级结构的蛋白质才有生物学活性。
2. （　　）变性的蛋白质一定发生沉淀。
3. （　　）食物充分煮熟对蛋白质的消化有利。
4. （　　）多肽链中出现脯氨酸残基的部位，不能形成 α-螺旋。
5. （　　）蛋白质处于其等电点的 pH 环境中时溶解度最小，易发生沉淀。
6. （　　）构成蛋白质四级结构的各亚基可以是相同的，也可以是不相同的。
7. （　　）所有的天然蛋白质均具有一、二、三、四级结构。
8. （　　）肽键是维持 α-螺旋构象的主要化学键。

四、名词解释

1. 等电点（pI）
2. 蛋白质的一级结构
3. 蛋白质的二级结构
4. 蛋白质的三级结构
5. 蛋白质的四级结构
6. 蛋白质的空间结构
7. 亚基
8. 变构效应
9. 蛋白质的变性
10. 盐析

五、问答题

1. 简述蛋白质亲水胶体的稳定因素。
2. 引起蛋白质变性的因素有哪些？变性的实质是什么？变性与沉淀的关系如何？
3. 简述蛋白质的结构与功能的关系。
4. 试简述蛋白质 α-螺旋的主要结构特点。
5. 什么是蛋白质的沉淀？蛋白质的沉淀反应有哪些？
6. 写出实际工作或生活中利用蛋白质的理化性质的五个事例，并说明其原理。

第二章　核　酸　化　学

【内容精讲】

第一节　核酸的一般概述

核酸是以核苷酸为基本组成单位的生物大分子，携带和传递遗传信息。核酸根据其化学组成的不同可分为脱氧核糖核酸（DNA）和核糖核酸（RNA）两大类，在真核细胞中核酸的分布及功能如下。

1. DNA

（1）分布　98％以上分布于细胞核，少量存在于细胞质内的线粒体、叶绿体。

（2）功能　遗传的物质基础，储存遗传信息，指导 RNA 合成。

2. RNA

（1）分布　90％存在于细胞质中，仅 10％存在于细胞核。

（2）功能　参与蛋白质的生物合成。

第二节　核酸的分子组成

一、核酸的元素组成

组成核酸分子（RNA 和 DNA）的主要元素有 C、H、O、N、P。

由于磷在各种核酸分子中含量比较接近和恒定（9％～10％），故可通过定磷法测磷的含量来计算生物分子中核酸的含量。

二、核酸的基本结构单位——核苷酸

1. 核酸的水解产物

$$核酸 \longrightarrow 单核苷酸 \longrightarrow \begin{cases} 磷酸 \\ 核苷 \begin{cases} 戊糖（核糖或脱氧核糖） \\ 含氮碱（嘌呤碱和嘧啶碱） \end{cases} \end{cases}$$

2. 含氮碱（碱基）

（1）核酸分子中主要碱基　嘌呤碱分为腺嘌呤（A）和鸟嘌呤（G）；嘧啶碱分为胞嘧啶（C）、尿嘧啶（U）和胸腺嘧啶（T）。其中 A、G、C 在 DNA 和 RNA 中均含有，而 T 主要存在于 DNA，U 只存在于 RNA 中。

（2）核酸分子中稀有碱基　甲基腺嘌呤、甲基鸟嘌呤、黄嘌呤和次黄嘌呤（I）、甲基或羟甲基胞嘧啶、二氢尿嘧啶（DHU）等。

（3）医学上常见的碱基衍生物　维生素 B_1、5-氟尿嘧啶、6-巯基嘌呤等。

3. 戊糖

核酸中的戊糖有两类：D-核糖（R）、D-2-脱氧核糖（dR）。

4. 核苷（碱基与戊糖的缩合物）

（1）嘌呤核苷　嘌呤 N-9 与核糖 C-1′ 以糖苷键相连形成。

（2）嘧啶核苷　嘧啶 N-1 与核糖 C-1′ 以糖苷键相连形成。

5. 核苷酸（核苷与磷酸结合形成）

① 生物体内游离存在的核苷酸大多数是 5′-核苷酸。

② 核糖核苷一磷酸（NMP）是构成 RNA 的基本单位。

③ 脱氧核糖核苷一磷酸（dNMP）是构成 DNA 的基本单位。

三、体内重要的游离核苷酸及其衍生物

1. 多磷酸核苷酸

一磷酸核苷可进一步磷酸化生成二磷酸核苷或三磷酸核苷。

体内重要的核苷酸如下：

AMP	CMP	GMP	UMP
ADP	CDP	GDP	UDP
ATP	CTP	GTP	UTP

脱氧核苷酸在符号前面再加上"d"以示区别。ATP、CTP、GTP、UTP 均含有 2 个高能磷酸键（水解释放能量 $>30.7kJ/mol$），是机体内储能的方式，其中以 ATP 最为重要。

2. 环化核苷酸

如 3′,5′-环化腺苷酸（cAMP）和 3′,5′-环化鸟苷酸（cGMP），cAMP 和 cGMP 被视为激素作用的第二信使。

3. 含核苷酸的生物活性物质

如辅酶Ⅰ（NAD^+）、辅酶Ⅱ（$NADP^+$）、辅酶 A（CoA-SH）、黄素腺嘌呤二核苷酸（FAD）等。

第三节　核酸的分子结构

一、核酸中核苷酸间的连接

（1）核苷酸的连接方式　3′,5′-磷酸二酯键。

（2）多核苷酸结构的方向及简写式　多核苷酸 5′-末端带有游离的磷酸基团，3′-末端带有自由的羟基；习惯上从左至右按 5′→3′ 方向书写。

二、DNA 的分子结构

1. DNA 的碱基组成——Chargaff 规律

① DNA 分子中，A 与 T 配对，G 与 C 配对。

② DNA 的碱基组成具有种属特异性。

③ DNA 的碱基组成无组织或器官特异性。

④ 每种生物的 DNA 具有各自特异的碱基组成，与生物遗传特性有关，一般不受年龄、生长状况、营养状况和环境等条件的影响。

2. DNA 的一级结构

在多核苷酸链中，脱氧核糖核苷酸的排列顺序称为 DNA 的一级结构。

3. DNA 的空间结构

（1）DNA 的二级结构——双螺旋结构　该模型由 Watson 和 Crick 于 1953 年提出，其要点如下。

① 右双螺旋，反向平行。

② 主链在外，碱基在内；碱基配对为 A＝T，G≡C，碱基对间的氢键维持双螺旋横向的稳定性。

③ 碱基对平面垂直于双螺旋中心轴，彼此平行，其间的碱基堆积力维持双螺旋纵向的

稳定性。

④ 双螺旋每一圈螺旋含 10 个碱基对，碱基平面之间的距离为 0.34nm。

（2）DNA 的三级结构　是指双螺旋进一步盘曲所形成的构象，即超螺旋结构。常见形式是超螺旋及核小体（真核细胞）。

核小体 $\begin{cases} \text{核心颗粒（组蛋白 } H_2A、H_2B、H_3、H_4 \text{ 各两分子组成的八聚体＋外绕 DNA）} \\ \text{连接区（组蛋白 } H_1 + 10\sim100 \text{ 个碱基对的 DNA 片段）} \end{cases}$

核小体→染色质纤维（超螺旋线管结构）→染色体

三、RNA 的分子结构

1. RNA 的一级结构

RNA 中核糖核苷酸的排列顺序。

2. RNA 二级结构的一般特征

单链盘曲局部形成双链结构（碱基配对：A＝U；G≡C），呈发夹形。

3. 三类最常见的 RNA 分子（参与蛋白质生物合成）

（1）tRNA（转运 RNA）

① 含量：10%～25%。

② 结构特点：分子小，含较多稀有碱基，$3'$-CCA 末端；三叶草结构二级结构（三环、四臂、一叉一末端）；呈倒 "L" 形三级结构。

③ 主要功能：转运活化的氨基酸。

（2）mRNA（信使 RNA）

① 含量：少，2%～3%。

② 结构特点：$5'$-m^7GpppN "帽子"；$3'$-polyA "尾巴"；mRNA 分子中有编码区、非编码区。

③ 主要功能：蛋白质合成的 "直接模板"。

（3）rRNA（核蛋白体 RNA）

① 含量：75%～80%。

② 结构特点：分子大小不一。

③ 主要功能：与多种蛋白质组成核蛋白体（大、小亚基），作为多肽链合成的 "装配机"。

（4）核酶　具催化活性的 RNA，具有自我催化和剪切去除内含子的能力。

第四节　核酸的理化性质和应用

一、核酸的酸碱性质

核酸是生物大分子，两性电解质，其通常显酸性，带负电荷，根据带电量的差异，可用电泳法分离。

二、核酸的高分子性质

DNA 的长度与其直径之比可达 10^7，即使是极稀的溶液也有极大的黏度，RNA 的黏度要小的多。核酸变性或降解时，黏度下降，所以黏度测定可用作 DNA 变性的指标。

三、核酸的紫外吸收

① 最大吸收峰在 260nm 处。

② 若所含核苷酸的物质的量相同时，有如下关系：单核苷酸＞单链 DNA＞双链 DNA。

四、核酸的变性、复性与杂交

1. 核酸变性

（1）概念　在理化因素作用下，核酸分子中的氢键断裂，双螺旋结构松散分开，形成无规则单链线团结构的过程称为核酸变性。

（2）变性因素　加热、酸、碱、乙醇、丙酮、尿素、酰胺等。

（3）变性表现　增色效应（DNA 变性后对 260nm 紫外光吸收能力增加的现象）；黏度急剧下降；沉降速度增加。

（4）变性温度（解链温度，T_m）　DNA 热变性过程中，DNA 解链 50％ 时的温度，或 DAN 解链曲线中点的温度，或紫外吸收达到最大值与最小值差值一半时的温度。

（5）影响 T_m 大小的因素　G-C 含量越多，T_m 值也越高；核酸分子越长，T_m 值越大。

2. 核酸复性

（1）核酸复性　在适宜条件下变性单链核酸分子恢复天然双链构象的过程。

（2）复性表现　对 260nm 紫外光吸收能力下降，故又称复性为减色效应。

（3）DNA 热变性的复性　热变性的 DNA 溶液经缓慢冷却，可使两条彼此分离的单链重新缔合而形成双螺旋结构的过程。复性一般在 $T_m-25℃$ 开始；复性程度可用减色效应来衡量。

（4）退火　热变性 DNA 缓慢降温的过程。

（5）淬火　热变性 DNA 温度骤然降低的过程。

3. 核酸分子杂交

使不同来源的核酸分子（DNA 或 RNA 分子）变性后一起复性，含有部分互补的碱基序列的单链，形成局部杂化双链的过程称为核酸分子杂交。

4. 探针

采用适当的同位素或其他物质标记其末端或全链的序列已知的一小段（数十个至数百个）核苷酸聚合的单链。

5. 探针技术

探针在适当溶液或环境中与待测 DNA 杂交，再通过放射自显影或其他检测手段，检测待测 DNA 分子中是否含有与探针同源的 DNA 序列的技术。这个原理可用于细菌、病毒、肿瘤及分子病的诊断，即 DNA 诊断学，俗称基因诊断，如：地中海贫血等遗传性疾病的诊断。

【习题练习】

一、选择题

（一）最佳选择题（从四个备选答案中选出一个正确答案）

1. 核酸分子中储存、传递遗传信息的关键部分是（　　）

A. 磷酸排列顺序　　B. 戊糖排列顺序　　C. 碱基排列顺序　　D. 脱氧戊糖排列顺序

2. 在真核细胞中 RNA 主要分布于（　　）

A. 细胞核　　B. 细胞质　　C. 细胞膜　　D. 线粒体

3. 可用于测量生物样品中核酸含量的元素是（　　）

A. 碳　　B. 氮　　C. 氧　　D. 磷

4. RNA 和 DNA 彻底水解后的产物是（　　）

A. 戊糖相同，碱基不同　　　　B. 戊糖相同，碱基部分不同

C. 戊糖不同，碱基部分不同　　D. 戊糖不同，碱基相同

5. DNA 分子中的戊糖是（　　）

A. D-核糖　　B. D-1-脱氧核糖　　C. D-2-脱氧核糖　　D. D-3-脱氧核糖

6. 下列碱基中，不参与组成DNA的是（　　　）

A. A　　B. G　　C. T　　D. U

7. 下列碱基中，不常见于RNA的是（　　　）

A. A　　B. G　　C. T　　D. U

8. DNA分子组成的基本单位是（　　　）

A. dNMP　　B. dNTP　　C. NTP　　D. NMP

9. ATP中含有高能磷酸键的数目是（　　　）

A. 1个　　B. 2个　　C. 3个　　D. 4个

10. 嘧啶和戊糖缩合生成核苷的连接方式是（　　　）

A. N-6与核糖C-1′以糖苷键相连　　　B. N-1与核糖C-1′以糖苷键相连

C. C-6与核糖C-1′以糖苷键相连　　　D. C-1与核糖C-1′以糖苷键相连

11. 生物体内游离存在的核苷酸大多数是（　　　）

A. 1′-核苷酸　　　B. 2′-核苷酸　　　C. 3′-核苷酸　　　D. 5′-核苷酸

12. 核酸中核苷酸之间连接方式是（　　　）

A. 2′,3′-磷酸二酯键　　　B. 2′,5′-磷酸二酯键

C. 3′,5′-磷酸二酯键　　　D. 糖苷键

13. 关于DNA的碱基组成的Chargaff规律的阐述正确的是（　　　）

A. DNA分子中，A+T=G+C

B. DNA的碱基组成具有种属特异性

C. DNA的碱基组成有组织或器官特异性

D. 每种生物的DNA的碱基组成受年龄、生长状况、营养状况和环境等条件的影响

14. 在DNA双螺旋结构中，碱基互补配对规律是（　　　）

A. A-T，G-U　　B. A-T，U-C　　C. G-C，T-A　　D. A-C，G-T

15. 已知某DNA分子中A的含量为30%，则其G的含量为（　　　）

A. 70%　　B. 60%　　C. 40%　　D. 20%

16. 假定DNA分子中的一条链的碱基顺序为pGCAATCT-OH，则其互补链的碱基顺序为（　　　）

　　A. pCGTTAGA-OH　　　B. pCGUUAGA-OH

　　C. pAGATTGC-OH　　　D. pAGAUUGC-OH

17. 下列关于DNA双螺旋结构的叙述中，正确的是（　　　）

A. 两股单链走向相同　　　B. 碱基在螺旋外侧

C. 碱基平面彼此垂直　　　D. 以右手螺旋绕同一中心轴盘旋

18. 在Watson-Crick的DNA双螺旋模型中，DNA每旋转一周沿长轴上升高度是（　　　）

A. 5.4nm　　B. 0.34nm　　C. 6.8nm　　D. 3.4nm

19. 在Watson-Crick的DNA双螺旋模型中，维持DNA横向稳定性的作用力是（　　　）

A. 肽键　　B. 盐键　　C. 氢键　　D. 疏水键

20. RNA分子组成的基本单位是（　　　）

A. dNMP　　B. dNTP　　C. NTP　　D. NMP

21. 含稀有碱基较多的核酸是（　　　）

A. 胞核DNA　　B. 线粒体DNA　　C. tRNA　　D. mRNA

22. 下列核酸分子，其二级结构是三叶草形的是（　　　）

A. DNA   B. mRNA   C. tRNA   D. rRNA

23. 真核生物 mRNA 多数在 5′-端有（   ）

A. 多聚 A 尾   B. CCA   C. 终止密码   D. 帽子结构

24. 多数核苷酸对紫外光的最大吸收峰位于（   ）

A. 220nm   B. 240nm   C. 260nm   D. 280nm

25. 核酸对紫外线的吸收是由哪一结构所产生的（   ）

A. 磷酸二酯键   B. 糖苷键   C. 嘌呤、嘧啶环上的共轭双键   D. 肽键

26. DNA 变性是指（   ）

A. 分子中磷酸二酯键断裂   B. 多核苷酸链解聚

C. DNA 分子由超螺旋→双链双螺旋   D. 互补碱基之间氢键断裂

27. DNA T_m 值较高是由于下列哪组核苷酸含量较高所致（   ）

A. G+A   B. C+G   C. A+T   D. C+T

28. 关于 DNA 三级结构的描述不正确的是（   ）

A. 是双螺旋进一步盘曲所形成的构象

B. 超螺旋结构

C. 核小体由核心颗粒和连接区两部分构成

D. 核心颗粒由组蛋白 H_1、H_2A、H_2B、H_3 各两分子组成的八聚体和外绕 DNA 组成

（二）配伍选择题（每题从四个备选项中选出一个最佳答案，备选项可重复选用）

[1～10]

A. mRNA   B. tRNA   C. rRNA   D. DNA

1. 真核细胞中储存遗传信息的核酸是（   ）

2. 转运活化氨基酸的 RNA 是（   ）

3. 作为蛋白质合成的"直接模板"的 RNA 是（   ）

4. 与多种蛋白质一起组成核蛋白体的 RNA 是（   ）

5. 3′-末端含有 CCA 序列的 RNA 是（   ）

6. 细胞内含量最多的 RNA 是（   ）

7. 细胞内含量最少的 RNA 是（   ）

8. 含有反密码子的 RNA 是（   ）

9. 三级结构呈倒"L"形的 RNA 是（   ）

10. 3′-末端含有 polyA 尾巴的 RNA 是（   ）

二、填空题

1. DNA 主要分布在_____内；而 RNA 主要分布在_____内。

2. DNA 的主要功能是_____；而 RNA 的主要功能是_____。

3. DNA 的碱基组成是_____；而 RNA 的碱基组成是_____。

4. DNA 所含的戊糖是_____；而 RNA 所含的戊糖是_____。

5. 核酸分子组成的基本单位是_____；其主要连接键是_____。

6. 在蛋白质生物合成中 mRNA、tRNA 和 rRNA 分别起_____、_____和_____的作用。

7. 体内被称作第二信使的两种重要的环化核苷酸是_____和_____。

8. 维持 DNA 双螺旋稳定的力量为_____和_____。

9. 具有催化活性的核酸称作_____。

10. DNA 变性后对 260nm 紫外光吸收能力增加的现象称作_____。

三、判断题

1. （　　）嘌呤 N-1 与核糖 C-1′以糖苷键相连形成嘌呤核苷。
2. （　　）多核苷酸链的阅读方向为 3′→5′。
3. （　　）核苷酸之间的连接键为 3′,5′-磷酸二酯键。
4. （　　）多核苷酸 5′-末端带有游离的磷酸基团，3′-末端带有自由的羟基。
5. （　　）DNA 的碱基组成有组织或器官特异性。
6. （　　）碱基堆积力维持 DNA 在横向上的稳定性。
7. （　　）DNA 双螺旋模型中，相邻碱基平面彼此垂直。
8. （　　）RNA 分子中 A=U。
9. （　　）所有 mRNA 均有帽子结构。
10. （　　）在所含核苷酸的摩尔数相同时，核酸对紫外光的吸收能力为：单链 DNA＜双链 DNA。

四、名词解释

1. DNA 的一级结构
2. 核酸变性
3. 热变性 DNA 的复性
4. T_m
5. 退火
6. 核酸分子杂交
7. 探针与探针技术

五、问答题

1. 简述 DNA 双螺旋结构模型的要点。
2. 简述三种 RNA 在蛋白质生物合成中的作用。
3. 简述 tRNA 的结构特点。
4. 试从化学组成、分布及主要生理功能等三方面比较 DNA 与 RNA。

第三章　酶

【内容精讲】

第一节　酶的一般概念

酶是由活细胞产生的具有催化功能的蛋白质或核酸。酶具有与一般催化剂所不同的生物大分子特征。

1. 极高的催化效率

酶催化反应的能力比一般催化剂高 $10^6 \sim 10^{13}$ 倍。因为酶能大幅度降低反应所需活化能。

2. 高度专一性（特异性）

一种酶仅作用于一种或一类化合物，或一定的化学键，促进一定的化学反应，生成一定产物的现象称为酶的专一性（特异性）。酶的专一性分为：①绝对专一性，只作用某一特定底物，产生特定产物；②相对专一性，可作用于一类化合物或一定化学键；③立体异构专一性，对底物的立体构型有特殊要求。

3. 高度不稳定性

大多数酶的化学本质是蛋白质，一切能使蛋白质变性的理化因素均能影响酶的活性甚至使酶完全失活。

4. 酶活性可调性

例如，酶合成的诱导和阻遏、酶原激活、反馈抑制以及激素控制等。

第二节　酶的结构与功能

一、酶的化学组成

$$
酶\begin{cases}单纯蛋白酶\\结合蛋白酶\begin{cases}酶蛋白\\辅助因子\end{cases}全酶\end{cases}
$$

一种酶蛋白只能与一种辅助因子结合成一种全酶；一种辅助因子则可与不同酶蛋白结合成不同全酶。酶蛋白与辅助因子单独存在时均无催化活性，全酶才有催化活性。酶促反应的专一性及高效率取决于酶蛋白部分，而辅助因子决定酶促反应的性质。

根据与酶蛋白结合牢固程度辅助因子可分为：辅酶与辅基。辅酶与酶蛋白结合比较疏松，用透析方法可以除去；辅基与酶蛋白结合比较紧密，用透析方法不能除去。从化学本质上，辅助因子可分为金属离子与小分子有机化合物。金属离子在酶的催化作用中起着稳定酶分子构象；参与传递电子；在酶与底物间起连接作用；降低反应中的静电斥力的功能。小分子有机化合物主要是维生素，在酶的催化作用中的主要功能见表3-1。

二、酶的活性中心

酶分子中与酶活性密切相关的化学基团称为必需基团。酶活性中心是酶分子空间结构上

表 3-1　维生素构成的辅酶及其作用

维生素	学名	辅酶形式	酶促反应中的主要作用
B_1	硫胺素	焦磷酸硫胺素（TPP）	α-酮酸脱氢酶系的辅酶；转酮基酶的辅酶
B_2	核黄素	黄素腺嘌呤二核苷酸（FAD） 黄素单核苷酸（FMN）	多种氧化还原酶的辅基，参与递氢作用
PP	烟酸 烟酰胺	烟酰胺腺嘌呤二核苷酸（NAD^+） 烟酰胺腺嘌呤二核苷酸磷酸（$NADP^+$）	多种不需氧脱氢酶的辅酶；参与递氢递电子作用
B_6	吡哆醛 吡哆胺 吡哆醇	磷酸吡哆醛 磷酸吡哆胺	氨基酸脱羧酶，转氨基酶等的辅酶
泛酸		辅酶 A（CoA） 酰基载体蛋白（ACP）	多种酰基转移反应的辅酶；参与脂肪酸合成
H	生物素	与酶蛋白赖氨酸的ε-氨基共价结合	羧化酶的辅酶；CO_2 载体
叶酸		四氢叶酸（FH_4）	各种一碳基团的活性载体
B_{12}	钴胺素	甲基钴胺素，氰钴胺素	转甲基酶辅酶

由必需基团构成的、具一定空间构象、直接参与酶促反应的区域。必需基团可分为活性中心内必需基团和活性中心外必需基团。在活性中心内必需基团按其功能可分为结合基团和催化基团。

三、酶原和酶原的激活

在细胞内合成或初分泌时以无活性状态存在的酶的前身物称为酶原。无活性的酶原在一定条件下转变为有活性的酶的过程称为酶原的激活。例如：胰蛋白酶原的激活；凝血酶原激活。酶原激活的实质是酶的活性中心形成并暴露的过程。其意义是对机体起保护作用。

四、同工酶

催化相同的化学反应，但酶蛋白的分子结构、理化性质和免疫学性质等不同的一组酶称为同工酶。例如：乳酸脱氢酶（LDH）有五种，每种乳酸脱氢酶由两种、四个亚基组成，分别为 LDH_1、LDH_2、LDH_3、LDH_4、LDH_5。在医学上可通过对同工酶的分析进行辅助诊断，例如：分析病人血清中某种同工酶谱的变化辅助诊断某种器官的病变。肝细胞损伤时血清同工酶谱中 LDH_5 比例升高，急性心肌梗死时，血清 LDH_1 比例增加。

第三节　酶的催化机制

酶在催化某一化学反应时，首先与作用物结合成不稳定的中间产物 ES。

$$E + S \longleftrightarrow ES \longrightarrow E + P$$

　　　　　酶　底物　　　　酶-底物复合物　　　酶　产物

而中间复合物的形成极大地降低了活化能，加快催化反应速度。中间复合物的形成之所以能降低活化能，大致有 4 个因素：底物的"趋近"与"定向"效应，底物变形，共价催化作用，酸碱催化作用。

第四节　酶促反应动力学

一、底物浓度的影响

底物浓度对酶促反应速度的影响呈矩形双曲线，可用米氏方程表示。

$$v = \frac{V_m[S]}{K_m[S]}$$

式中，v 为反应初速度；[S] 为底物浓度；V_m 为最大反应速度；K_m 为米氏常数。

当 [S] 很低时，v 随 [S] 的增加呈直线上升，即 v 与 [S] 成正比关系。

当 [S] 较高时，[S] 增大，v 也随之增大，但 v 与 [S] 不再成正比关系。

当 [S] 高到一定值，反应速度趋于恒定。[S] 增大，v 也不再增大，达到极限，称最大速度（V_m）。

米氏常数 K_m 值等于酶促反应速度达最大反应速度一半时的底物浓度，是酶的特征性常数之一；K_m 值可反映酶与底物的亲和力，K_m 值越大，酶与底物的亲和力越小；反之，K_m 值越小，酶与底物亲和力越大。K_m 值最大的酶为连续反应中的限速酶。

二、酶浓度的影响

当 [S]≫[E] 时，$V_m = k[E]$，即 V_m 与酶浓度成正比。

酶活性的国际单位（IU）：在规定条件下酶促反应速度为 $1\mu mol/min$ 的酶量为 1IU。

三、pH 的影响

酶催化效率最高时的 pH 称为酶的最适 pH。

① pH 对酶活性的影响曲线为钟罩形曲线，在最适 pH 时酶活性最高；高于或低于最适 pH 时酶活性降低；过酸或过碱时可使酶变性失活。

② pH 通过影响酶蛋白中可电离基团、底物分子及辅助因子的电离状态来影响酶与底物的结合进而影响酶的催化效率。

最适 pH 不是酶的特征性常数。大多数酶的最适 pH 在 5～8 之间，但也有例外。如胃蛋白酶最适 pH 约为 1.8。

四、温度的影响

酶促反应速度达到最大值时即酶活性最大时的温度称为酶的最适温度。

（1）温度对酶活性的影响曲线为钟罩形曲线　在较低温度范围内，酶的活性非常弱；温度升高，酶活性也增加；在一定温度时（一般 50～60℃），酶活性达最大值；超过此温度，温度升高（80℃以上），酶活性反而下降甚至丧失。

（2）温度对酶促反应有双重影响　升温加速酶促反应，升高温度能加速酶的变性而使酶失活。

最适温度不是酶的特征性常数。大多数酶的最适温度在 30～40℃。酶制剂和标本（血清等）应放冰箱保存以避免失活，临床上采用低温麻醉。

五、激活剂的影响

凡能增高酶活性的物质都称为酶的激活剂，包括无机离子和小分子有机化合物。酶的激活剂大多是金属离子，正离子较多，如 K^+、Na^+、Mg^{2+}、Ca^{2+}、Zn^{2+} 等，也有少数阴离子如 Cl^-、Br^-、PO_4^{3-} 等。

六、抑制剂的影响

凡能使酶活性降低但又不使其变性的物质称为酶的抑制剂。抑制作用可分为可逆抑制和不可逆抑制。

抑制剂与酶的必需基团以牢固的共价键结合而使酶活性丧失，不能用透析、超滤等物理方法除去这些抑制剂而恢复酶活性称为不可逆抑制，抑制作用随着抑制剂浓度的增加而增加，当抑制剂的量大到足以和全部的酶结合，则酶的活性完全被抑制。例如：有机磷中毒。

抑制剂与酶以非共价键疏松地结合而引起酶活性的降低或丧失，能用透析、超滤等物理方法除去抑制剂而使酶活性恢复称为可逆抑制。可逆抑制又可分为竞争性抑制、非竞争性抑制和反竞争性抑制。

1. 竞争性抑制

抑制剂与底物结构相似，能与底物竞争酶的活性中心。酶与这种抑制剂结合后，就不能再与底物结合，这种抑制作用称为竞争性抑制作用。例如：丙二酸等对琥珀酸脱氢酶的抑制。

竞争性抑制的主要特点有：①竞争性抑制剂往往是酶的底物类似物；②抑制剂与酶的结合部位与底物与酶的结合部位相同；③抑制剂浓度越大，则抑制作用越大；增加底物浓度可使抑制程度减小；④动力学参数，K_m 值增大，V_m 值不变。

竞争性抑制在医药上的应用如：磺胺药抗菌、5-氟尿嘧啶、6-巯基嘌呤抗肿瘤。

2. 非竞争性抑制

抑制剂与底物结构无相似之处，不影响底物与酶的结合，而是结合在酶活性中心以外部位而影响酶的活性的抑制作用称为非竞争性抑制作用。例如：哇巴因对 Na^+-K^+ ATP 酶的抑制。

非竞争性抑制主要特点有：①底物和抑制剂分别独立地与酶的不同部位相结合；②抑制剂对酶与底物的结合无影响，故底物浓度的改变对抑制程度无影响；③动力学参数：K_m 值不变，V_m 值降低。

3. 反竞争性抑制

抑制剂并不直接与酶结合，而是与酶-底物复合物结合进而使酶失去催化活性，称为反竞争性抑制作用。

反竞争性抑制主要特点有：①抑制剂与底物可同时与酶的不同部位结合；②必须有底物存在，抑制剂才能对酶产生抑制作用；③动力学参数：K_m 减小，V_m 降低。

第五节　酶的分类和命名

一、酶的分类
①氧化还原酶类；②转移酶类；③水解酶类；④裂解酶类；⑤异构酶类；⑥连接酶类。

二、酶的命名

1. 习惯命名
① 根据作用物命名：如淀粉酶。
② 根据底物加上催化反应的性质命名：如乳酸脱氢酶。
③ 有时加上酶的来源或酶的其他特点：如胃蛋白酶。

2. 系统命名
要求将参加反应的主要化合物以及催化反应的类型全部表示出来，每一种酶都有特定的 4 个数字的编号。

第六节　酶与医学的关系

一、酶与疾病的关系
有些疾病是由于体内某种酶的缺陷或酶的作用受到抑制而发生的。如白化病患者因酪氨酸酶缺陷而致黑色素合成受阻，使皮肤、毛发中缺乏黑色素而呈白色；又如 6-磷酸葡萄糖脱氢酶分子缺陷会引起蚕豆病；苯丙氨酸羟化酶缺乏时引起苯丙酮酸尿症等。

二、酶与疾病的诊断

某些疾病患者的组织或体液（血液、尿等）中，某些酶活性发生变化，测定即可协助临床诊断或预后判断。血清同工酶的测定对于疾病器官的定位很有意义。

三、酶与疾病的治疗

如胃蛋白酶、胰蛋白酶制剂能帮助消化，胰蛋白酶、糜蛋白酶用于外科清创，净化脓性伤口等；尿激酶可用于治疗血管栓塞；天冬酰胺酶对白血病有一定疗效。

由于酶是高分子蛋白质，具有很强的抗原性，所以酶作为药物在应用上受到一定限制。

【习题练习】

一、选择题

（一）最佳选择题（从四个备选答案中选出一个正确答案）

1. 关于酶的叙述，不正确的是（　　）

A. 已知的酶中绝大多数化学本质是蛋白质

B. 酶作用的物质称为酶的底物

C. 酶促反应即是由酶催化进行的反应

D. 酶由活细胞合成，一旦离开活细胞便不表现活性

2. 下列有关酶的描述，错误的是（　　）

A. 酶有高度的特异性　　　B. 酶有高度的催化效率

C. 酶有高度的不稳定性　　　D. 酶能催化热力学上不可能进行的反应

3. 酶催化底物反应时可（　　）

A. 提高反应的活化能　　　B. 降低反应的活化能

C. 提高产物的能量水平　　　D. 降低反应的自由能

4. 关于酶分子结构的叙述，错误的是（　　）

A. 根据酶的组成可分为单纯酶及结合酶

B. 结合酶由蛋白质部分及非蛋白质部分构成

C. 酶的辅助因子全部称为辅酶

D. 结合酶的蛋白质部分称为酶蛋白

5. 全酶是指（　　）

A. 酶蛋白　　　B. 辅基　　　C. 辅酶　　　D. 酶蛋白与辅助因子相结合的酶

6. 辅酶是（　　）

A. 金属离子

B. 酶与底物的复合物

C. 参加酶促反应的维生素

D. 结合酶催化活性所必需的与酶蛋白结合疏松的小分子有机化合物

7. 下列选项中不属于金属离子在酶的催化作用中的功能的是（　　）

A. 稳定酶分子构象并在酶与底物间起连接作用

B. 参与传递电子

C. 降低反应中的静电斥力

D. 决定酶的专一性

8. 下列关于必需基团的叙述不正确的是（　　）

A. 是与酶活性密切相关的化学基团

B. 即酶分子上所有氨基酸的残基

C. 在活性中心内必需基团按其功能可分为结合基团和催化基团

D. 必需基团可分为活性中心内必需基团和活性中心外的必需基团

9. 生物素是下列哪种酶的辅酶（   ）

A. 脱羧酶   B. 羧化酶   C. 转氨酶   D. 脱氢酶

10. 体内转运一碳单位的活性载体是（   ）

A. 叶酸   B. 泛酸   C. S-腺苷蛋氨酸   D. 四氢叶酸

11. 唯一含有金属元素的维生素是（   ）

A. 维生素 B_1 B. 维生素 B_2 C. 维生素 B_{12} D. 维生素 B_6

12. 关于酶活性中心的叙述，不正确的是（   ）

A. 是酶结合底物、催化反应的部位

B. 活性中心位于酶分子的表面

C. 活性中心内有结合基团及催化基团

D. 活性中心可脱离酶分子继续发挥催化作用

13. 酶活性中心是指（   ）

A. 整个酶分子的中心部位

B. 酶蛋白与辅基的结合部位

C. 酶分子表面有解离基团的部位

D. 能与底物结合并催化底物转变为产物的部位

14. 有关酶原激活的叙述，正确的是（   ）

A. 酶蛋白与辅酶相结合，表现出酶活性

B. 酶蛋白被修饰，表现出酶活性

C. 多肽链内一处或多处断裂、空间构象发生改变，表现出酶活性

D. 多肽链内氢键断裂，空间构象发生改变，表现出酶活性

15. 胰蛋白酶原受肠激酶作用而激活的机理是（   ）

A. 肠激酶与胰蛋白酶原调节部位结合

B. 肠激酶可使胰蛋白酶原共价修饰

C. 使胰蛋白酶原 N-端切除 6 肽，多肽链折叠形成活性中心

D. 是由氢键断裂，酶分子的空间构象发生改变引起的

16. 下列因素中与酶和底物形成中间复合物降低反应的活化能无关的是（   ）

A. 底物的"趋近"与"定向"效应   B. 底物变形使底物分子中的敏感键变形

C. 共价催化作用与酸碱催化作用   D. 改变酶促反应的平衡点

17. 下列参数中属于酶的特征性常数的是（   ）

A. V_m（最大反应速度）   B. K_m C. 最适作用温度   D. 最适作用 pH

18. 催化单一反应的酶的 K_m 值是（   ）

A. 底物和酶之间的反应平衡常数

B. 达到酶促反应最大速度时的底物浓度

C. 达到酶促反应最大速度 1/2 时的底物浓度

D. 酶分子催化能力的指标

19. 丙二酸对琥珀酸脱氢酶的抑制作用属于（   ）

A. 竞争性抑制   B. 反馈抑制   C. 非竞争性抑制   D. 反竞争性抑制

20. 磺胺类药物的抑菌作用机理属于（   ）

A. 竞争性抑制   B. 非竞争性抑制   C. 不可逆抑制   D. 反竞争性抑制

21. 不可逆抑制作用中（   ）

A. 抑制剂与酶的结合为共价结合

B. 酶与底物、抑制剂可同时结合而不影响其释放产物

C. 最大反应速度改变

D. 可用增加底物浓度的方法来解除抑制作用

22. 非竞争性抑制时的动力学改变是（　　　）

A. $K_m\uparrow$、$V_m\downarrow$　　B. $K_m\uparrow$、V_m 不变　　C. K_m 不变、$V_m\downarrow$　　D. $K_m\downarrow$、V_m 不变

23. 同工酶（　　　）

A. 催化的化学反应相同　　　　　　　B. 催化的化学反应不同

C. 酶蛋白的结构、性质相同　　　　　D. 其电泳行为相同

24. 能使唾液淀粉酶活性增强的离子是（　　　）

A. Cl^-　　　　B. Zn^{2+}　　　　C. Ag^+　　　　D. Cu^{2+}

（二）配伍选择题（每题从四个备选项中选出一个最佳答案，备选项可重复选用）

[1～4]

A. 钟罩形曲线　　B. 矩形双曲线　　　C. S形曲线　　　D. 直线

1. 温度对酶活性的影响曲线为（　　　）

2. 底物浓度对酶促反应速度的影响呈（　　　）

3. pH 对酶活性的影响曲线为（　　　）

4. 变构酶的动力曲线是（　　　）

[5～8]

A. 白化病　　　B. 蚕豆病　　　C. 苯丙酮酸尿症　　　D. 消化不良

5. 胃蛋白酶、胰蛋白酶制剂可治疗（　　　）

6. 苯丙氨酸羟化酶缺乏时会引起（　　　）

7. 6-磷酸葡萄糖脱氢酶分子缺陷会引起（　　　）

8. 酪氨酸酶缺陷而致（　　　）

二、填空题

1. 酶作用的专一性包括＿＿＿＿＿＿、＿＿＿＿＿＿和＿＿＿＿＿＿。

2. 全酶由＿＿＿＿＿＿和＿＿＿＿＿＿组成；后者又分为两类：其中与前者结合疏松，可用透析或超滤法去除的称为＿＿＿＿＿＿，另一称为＿＿＿＿＿＿。酶的专一性主要由＿＿＿＿＿＿决定。

3. 写出下列维生素的一种辅酶形式：

① 维生素 B_1：＿＿＿＿＿＿；

② 维生素 B_2：＿＿＿＿＿＿；

③ 维生素 B_6：＿＿＿＿＿＿；

④ 维生素 PP：＿＿＿＿＿＿；

⑤ 泛酸：＿＿＿＿＿＿。

4. 影响酶促反应速度的因素有＿＿＿＿＿＿、＿＿＿＿＿＿、＿＿＿＿＿＿、＿＿＿＿＿＿和＿＿＿＿＿＿。

5. pH 可影响＿＿＿＿＿＿、＿＿＿＿＿＿和＿＿＿＿＿＿的解离状态，故可影响酶促反应速度。

6. 温度对酶促反应有两种效应相反的影响（双重影响）：＿＿＿＿＿＿和＿＿＿＿＿＿。

7. 低温时酶活性虽然＿＿＿＿＿＿，但酶并没有＿＿＿＿＿＿。一旦温度＿＿＿＿＿＿，酶又可恢复＿＿＿＿＿＿。

8. 酶抑制作用可分为＿＿＿＿＿＿和＿＿＿＿＿＿两大类。

9. 竞争性抑制剂是＿＿＿＿＿＿的结构类似物，两者竞争与酶的＿＿＿＿＿＿的结合。抑制程度取决于＿＿＿＿＿＿的浓度比，增加＿＿＿＿＿＿可减弱甚至完全消除抑制作用。

10. 根据酶促化学反应的性质，酶可分为_____、转移酶类、_____、裂解酶类、异构酶类、_____。

三、判断题

1. （　　）酶与一般催化剂相同的特点是都是可改变反应的平衡点。
2. （　　）酶蛋白单独存在时无催化活性。
3. （　　）酶原激活的实质是酶的活性中心形成并暴露的过程，其意义是对机体起保护作用。
4. （　　）米氏常数 K_m 值最大的酶为连续反应中的限速酶。
5. （　　）抑制剂并不直接与酶结合，而是与酶-底物复合物结合进而使酶失去催化活性，称为非竞争性抑制作用。
6. （　　）酶的激活剂都是金属阳离子。

四、名词解释

1. 必需基团
2. 酶的活性中心
3. 酶原与酶原的激活
4. 同工酶
5. 最适温度及最适 pH
6. 不可逆抑制

五、问答题

1. 影响酶促反应的因素有哪些？
2. 叙述 K_m 值和 V_m 的意义。
3. 简述三种可逆抑制作用分别是哪三种，它们的动力学参数发生了哪些改变？
4. 什么是酶原及酶原的激活？简述酶原激活的机理。

第四章 糖 代 谢

【内容精讲】

第一节 概 述

一、糖的概念
糖类是多羟基醛或多羟基酮及其衍生物的总称。

二、糖的分类
单糖（如葡萄糖、果糖）、寡糖（如蔗糖）、多糖（如淀粉、糖原）和结合糖（如糖蛋白）。

三、糖的生理功能
① 氧化供能，占 $50\%\sim70\%$。
② 作为组织细胞的结构成分。
③ 参与构成某些重要生理活性物质。
糖原是动物体内糖的储存形式，葡萄糖是糖的运输形式。

四、糖的消化吸收
1. 糖的消化
（1）人食物中的糖　植物淀粉、动物糖原及蔗糖、乳糖、麦芽糖、葡萄糖等。
（2）糖的消化　主要在小肠，经一系列酶作用分解为葡萄糖、果糖、半乳糖。
2. 糖的吸收
全部在小肠被吸收，主要以葡萄糖形式、依赖专一的葡萄糖载体转运，与 Na^+ 共同被吸收，耗能。

五、糖代谢概况
（1）人及动物体内糖的分解代谢途径主要有 3 种　①糖的无氧酵解；②糖的有氧氧化；③磷酸戊糖途径。
（2）人及动物体内糖的合成代谢途径主要有 2 种　①糖原合成；②糖异生。

第二节 糖的分解代谢

一、糖的无氧分解
（1）糖无氧分解（糖酵解）　指葡萄糖或糖原在无氧或氧供应不足情况下，分解为乳酸并生成少量 ATP 的过程。
（2）糖酵解途径　指从葡萄糖分解为丙酮酸的过程。
1. 糖酵解途径
（1）进行部位　胞液。
（2）限速酶　己糖激酶、磷酸果糖激酶-1、丙酮酸激酶。

（3）过程

① 糖酵解途径：包括 10 步反应。

② 丙酮酸→乳酸。

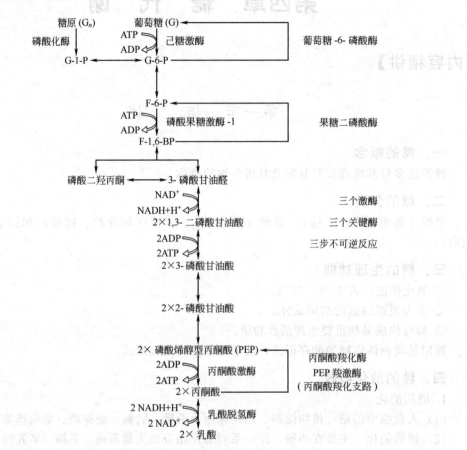

以上过程的逆行就是糖异生途径（详见第四节）。

（4）糖酵解过程小结

① 除由 3 种激酶（己糖激酶、磷酸果糖激酶-1、丙酮酸激酶）催化的 3 步反应不可逆外，其余反应均可逆。

② 全部反应无氧参加，只有 1 次脱氢反应，生成的 NADH＋H$^+$ 用于丙酮酸还原生成乳酸，故整个糖酵解过程无 NADH 剩余。

③ 从糖原开始酵解，每 1 分子葡萄糖残基经糖酵解产生 2 分子乳酸，净生成 3 分子 ATP；从葡萄糖开始经糖酵解生成 2 分子乳酸，净生成 2 分子 ATP。

2. 糖酵解的调节

调节点为三个关键酶：己糖激酶、磷酸果糖激酶-1、丙酮酸激酶。

3. 糖酵解的生理意义

① 迅速为机体提供能量，这对肌肉收缩尤其重要。

② 某些病理情况造成氧供应不足时，组织细胞也可增加糖无氧分解以获取少量能量。

③ 机体氧供充足时少数组织的能量来源：a. 成熟红细胞以糖酵解为唯一供能途径；b. 视网膜、睾丸、皮肤等以糖酵解为主要供能途径；c. 神经、肿瘤、白细胞等由糖酵解部分供能。

④ 为体内其他物质的合成提供原料。

除三步不可逆反应外，糖酵解的逆行反应就是糖异生的过程。

二、糖的有氧氧化

葡萄糖或糖原在有氧条件下彻底氧化成 CO_2 和 H_2O，并产生大量能量的过程称为糖的有氧氧化。有氧氧化是糖氧化分解的主要方式。

（一）糖有氧氧化的反应过程

分三阶段：葡萄糖 —→ 丙酮酸（糖酵解途径）　　　胞液中进行

　　　　　丙酮酸 —→ 乙酰 CoA　　　　　　　　线粒体中进行

　　　　　乙酰 CoA 的彻底氧化（三羧酸循环）　线粒体中进行

1. 糖酵解途径

胞液中进行，同"糖酵解"，但 NADH 去路不同。

2. 丙酮酸氧化脱羧生成乙酰 CoA

$$丙酮酸 + HSCoA + NAD^+ \xrightarrow{\text{丙酮酸脱氢酶系}} CO_2 + 乙酰\ CoA + NADH + H^+$$

①丙酮酸氧化脱羧生成乙酰 CoA 在线粒体中进行，反应不可逆。②催化此反应的酶是丙酮酸脱氢酶系，包括三种酶和五种辅助因子。三种酶分别为丙酮酸脱氢酶、转乙酰化酶、二氢硫辛酰胺脱氢酶。五种辅助因子：焦磷酸硫胺素（TPP）、NAD^+、硫辛酸、FAD、HSCoA。

3. 乙酰 CoA 的彻底氧化——三羧酸循环（TAC）

（1）概念　从乙酰 CoA 和草酰乙酸缩合成含三个羧基的柠檬酸开始，经过脱氢、脱羧等一系列反应，最终草酰乙酸得以再生的循环反应过程称为三羧酸循环，又称柠檬酸循环或 Krebs 循环。经此过程及氧化磷酸化，乙酰 CoA 彻底分解为二氧化碳和水。

（2）进行部位　线粒体。

（3）反应过程

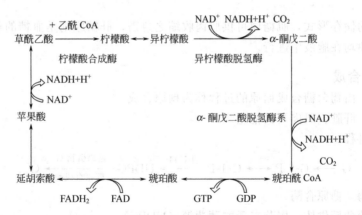

（4）三羧酸循环反应特点　①三羧酸循环是需氧的代谢过程，三羧酸循环每运转 1 周，消耗 1 个乙酰基，进行 2 次脱羧和 4 次脱氢反应，生成的 $NADH + H^+$ 和 $FADH_2$ 经电子传递链氧化，最终可生成 12 分子 ATP；②三羧酸循环不能逆行，限速酶柠檬酸合成酶、异柠檬酸脱氢酶、α-酮戊二酸脱氢酶复合体所催化的 3 步反应均不可逆，所以三羧酸循环不能逆行；③三羧酸循环中间物质是必须补充的。

（二）糖的有氧氧化及三羧酸循环的生理意义

① 糖有氧氧化的基本功能是为机体的生理活动提供能量。

每摩尔葡萄糖彻底氧化生成 CO_2 和 H_2O 时，可净生成 36mol 或 38mol 的 ATP。

② TAC 是体内糖、脂肪、蛋白质三大营养物质分解代谢的最终共同途径。

③ TAC 是体内连接糖、脂肪和氨基酸代谢的枢纽。

(三) 糖有氧氧化的调节

调节点（关键酶）：

$$
\left.\begin{array}{l}
\text{己糖激酶} \\
\text{磷酸果糖激酶} \\
\text{丙酮酸激酶}
\end{array}\right\}Ⅰ
$$

Ⅱ 丙酮酸脱氢酶系

$$
\left.\begin{array}{l}
\text{柠檬酸合成酶} \\
\text{异柠檬酸脱氢酶} \\
\alpha\text{-酮戊二酸脱氢酶系}
\end{array}\right\}Ⅲ
$$

三、磷酸戊糖途径

葡萄糖在分解代谢过程中有磷酸戊糖产生的途径称磷酸戊糖途径。

(1) 进行部位　胞液。

(2) 限速酶　6-磷酸葡萄糖脱氢酶。

(3) 重要中间产物　5-磷酸核糖、$NADPH+H^+$。

(4) 生理意义

① 5-磷酸核糖是核苷酸及核酸的合成原料。

② 生成的 NADPH 有重要意义：为脂肪酸、胆固醇、类固醇激素等的生物合成供氢；参与肝脏的生物转化作用；维持还原型谷胱甘肽（GSH）的正常含量。

第三节　糖原的合成与分解

糖原是糖的储存形式，肌糖原可供肌肉收缩之急需，肝糖原则是血糖的重要来源。糖原合成与分解代谢均在胞液中进行。

一、糖原合成

(1) 概念　由葡萄糖合成糖原的过程称为糖原合成。

(2) 部位　肝脏、肌肉及其他组织。

(3) 反应过程

$$G \longrightarrow G\text{-}6\text{-}P \longleftrightarrow G\text{-}1\text{-}P \xrightarrow{+UTP} UDPG \xrightarrow[\text{糖原合成酶}]{\text{糖原引物 } G_n} G_{n+1}$$

(4) 关键酶　糖原合酶。

(5) 活性葡萄糖供体　尿苷二磷酸葡萄糖（UDPG）。

二、糖原分解

(1) 概念　肝糖原分解生成葡萄糖的过程称为糖原分解。

(2) 进行部位　肝脏。肌肉因缺乏葡萄糖-6-磷酸酶，肌糖原不能进行糖原分解直接补充血糖。

(3) 反应过程

$$G_n \xrightarrow{\text{磷酸化酶}} G\text{-}1\text{-}P \longleftrightarrow G\text{-}6\text{-}P \xrightarrow{\text{葡萄糖-6-磷酸酶}} G$$

(4) 关键酶　糖原磷酸化酶。

三、糖原代谢的调节

（1）调节点　糖原合酶及磷酸化酶。
（2）调节方式　共价修饰与变构调节。

四、糖原合成与分解的意义

① 维持血中葡萄糖浓度相对恒定。
② 糖原合成和分解与钾代谢有关。

第四节　糖　异　生

一、概述

（1）概念　由非糖物质转变为葡萄糖或糖原的过程称为糖异生作用。
（2）进行部位　肝脏（肾）。
（3）原料　乳酸、甘油、生糖氨基酸、丙酮酸等。

二、糖异生的途径

糖异生的途径基本上是糖酵解的逆行过程，但并不完全相同，区别就在糖酵解途径中三步消耗或生成 ATP 的不可逆反应由别的酶催化或由旁路反应代替。

三、糖异生的调节

$$
调节点（限速酶）\begin{cases} 丙酮酸羧化酶 \\ 磷酸烯醇式丙酮酸羧激酶 \\ 果糖 1,6-二磷酸酶 \\ 葡萄糖-6-磷酸酶 \end{cases}
$$

四、糖异生的生理意义

① 维持空腹和饥饿时血糖浓度的相对恒定。
② 有利于乳酸的利用。
③ 协助氨基酸代谢。
④ 调节酸碱平衡。

五、乳酸循环

（1）概念　乳酸、葡萄糖在肝脏和肌肉组织的互变循环称为乳酸循环（Cori 循环）。乳酸循环的形成是由于肝和肌肉的酶活性差异（葡萄糖-6-磷酸酶）所致。
（2）过程　剧烈运动时肌肉中的糖经无氧分解产生大量的乳酸，乳酸通过细胞膜弥散入血，经血液循环运至肝脏，再经糖异生作用转变为葡萄糖；此葡萄糖又经血液循环再被肌肉摄取利用。
（3）生理意义　既回收了乳酸中的能量，又防止了因乳酸堆积引起的酸中毒。
（4）耗能过程　乳酸循环是一个耗能过程，2分子乳酸异生成1分子葡萄糖消耗6个 ATP。

第五节　血糖及其浓度调节

血糖指血液中的葡萄糖。正常人空腹血糖值为：3.89～6.11mmol/L。

一、血糖的来源和去路

（1）来源主要有三

① 食物中糖的消化吸收——根本来源。

② 肝糖原分解——空腹时主要来源。

③ 肝糖异生作用——空腹和饥饿时主要来源。

（2）去路主要有四

① 氧化分解供能——主要去路。

② 合成糖原——储存于肝脏或肌肉。

③ 转变为非糖物质——如脂肪等。

④ 转变为其他糖及衍生物——如核糖、氨基糖。

另外，血糖还有一条非正常去路：血糖浓度超过肾糖阈（8.89mmol/L）或肾糖阈因故降低都可能出现尿糖。

二、血糖浓度的调节

血糖浓度的相对恒定依赖于血糖来源与去路的平衡，血糖浓度相对稳定的意义是：对保证组织器官，特别是大脑的正常生理活动具有重要意义。

1. 肝脏、肌肉等组织器官的调节作用

（1）肝脏对血糖的调节作用 ①合成糖原并储存糖原；②分解糖原产生葡萄糖以补充血糖；③糖异生产生葡萄糖以补充血糖。

（2）肌肉对血糖的调节作用 ①合成并储存肌糖原（但不能分解肌糖原产生葡萄糖以补充血糖）；②肌糖原无氧分解供能并产生乳酸（乳酸运至肝可经糖异生再利用）。

2. 激素的调节

调节血糖浓度的激素有两类：①升高血糖的激素有：肾上腺素、胰高血糖素、糖皮质激素、生长激素；②降低血糖的激素有：胰岛素。

激素通过影响血糖的来源和去路来调节血糖浓度。

$$\left.\begin{array}{l}\text{增加血糖去路}\\ \text{减少血糖来源}\end{array}\right\}\text{降低血糖} \qquad \left.\begin{array}{l}\text{减少血糖去路}\\ \text{增加血糖来源}\end{array}\right\}\text{升高血糖}$$

3. 神经调节

三、血糖水平异常

1. 高血糖与糖尿病

（1）概念 空腹状态下血糖浓度持续超过 7.2mmol/L 称为高血糖。

（2）糖尿 血糖浓度超过肾糖阈（8.89mmol/L）时葡萄糖从尿中排出的现象。

（3）生理性高血糖及糖尿 进食大量糖，情绪激动等引起。

（4）病理性高血糖及糖尿 肾性糖尿、糖尿病。

2. 低血糖

（1）概念 血糖浓度低于 3.9mmol/L 称为低血糖。

（2）表现 头晕、心慌、出冷汗、饥饿感。

（3）原因 胰性（如胰岛 β 细胞功能亢进），肝性（如肝癌），内分泌异常（如肾上腺皮质机能减退），肿瘤（胃癌等），饥饿时间过长或持续剧烈体力活动。

3. 葡萄糖耐量

人体处理所给予葡萄糖的能力称为葡萄糖耐量或耐糖现象。

【习题练习】

一、选择题

（一）最佳选择题（从四个备选答案中选出一个正确答案）

1. 人体内糖的主要生理功能是（　　　）

A. 氧化供能　　B. 构成蛋白多糖　　C. 构成糖脂　　D. 构成有生物活性的糖蛋白

2. 下列关于糖酵解的描述正确的是（　　）

A. 指在无氧条件下，糖分解为乳酸的过程

B. 糖酵解在人类仍然是主要的供能途径

C. 糖酵解过程基本上是不可逆的

D. 糖酵解是在有氧条件下生成乳酸的过程

3. 糖酵解的酶存在于（　　）

A. 线粒体　　B. 微粒体　　C. 胞浆　　D. 细胞核

4. 糖有氧氧化的细胞内定位是（　　）

A. 内质网　　B. 线粒体　　C. 胞液　　D. 胞液及线粒体

5. 糖原分解的最初的产物是（　　）

A. 6-磷酸葡萄糖　　B. 1-磷酸葡萄糖　　C. 6-磷酸果糖　　D. UDPG

6. 糖酵解过程中唯一的脱氢反应是（　　）

A. 葡萄糖——→6-磷酸葡萄糖

B. 3-磷酸甘油醛——→1,3-二磷酸甘油酸

C. 1,3-二磷酸甘油酸——→3-磷酸甘油酸

D. 丙酮酸——→乳酸

7. 糖酵解的终产物是（　　）

A. H_2O 和 CO_2　　B. 乙酰 CoA　　C. 丙酮酸　　D. 乳酸

8. 1分子葡萄糖经糖酵解可净生成的 ATP 分子数是（　　）

A. 2　　B. 3　　C. 38　　D. 39

9. 糖原的1个葡萄糖残基经糖酵解净生成的 ATP 分子数是（　　）

A. 1　　B. 2　　C. 3　　D. 4

10. 糖酵解最主要的生理意义是为机体（　　）

A. 提供丙酮酸　　　　B. 提供乳酸

C. 有氧情况下提供能量　　D. 无氧情况下提供能量

11. 下列化合物中不是丙酮酸脱氢酶复合体之辅助因子的是（　　）

A. NAD^+　　B. FAD　　C. $NADP^+$　　D. TPP

12. 糖酵解、糖有氧氧化共有的关键酶不包括（　　）

A. 己糖激酶　　　　B. 磷酸果糖激酶-1

C. 丙酮酸激酶　　　D. 丙酮酸脱氢酶复合体

13. 同时参加糖酵解和糖有氧氧化的酶是（　　）

A. 琥珀酸脱氢酶　　　　B. 苹果酸脱氢酶

C. 3-磷酸甘油醛脱氢酶　　　D. 异柠檬酸脱氢酶

14. 三羧酸循环的关键酶不包括（　　）

A. 柠檬酸合成酶　　　　B. 丙酮酸脱氢酶复合体

C. 异柠檬酸脱氢酶　　　D. α-酮戊二酸脱氢酶复合体

15. 三羧酸循环中有四次脱氢反应，可生成（　　）

A. $1(NADH+H^+)+3FADH_2$　　B. $2(NADH+H^+)+2FADH_2$

C. $3(NADH+H^+)+1FADH_2$　　D. $4(NADH+H^+)$

16. 三羧酸循环中进行底物水平磷酸化的反应是（　　）

A. 异柠檬酸——→α-酮戊二酸　　B. α-酮戊二酸——→琥珀酰 CoA

C. 琥珀酰 CoA——→琥珀酸　　D. 延胡索酸——→苹果酸

17. 三羧酸循环中，通过底物水平磷酸化直接生成的高能磷酸化合物是（　　）

A. ATP　　　B. CTP　　　C. UTP　　　D. GTP

18. 1mol 乙酰 CoA 彻底氧化可生成的 ATP 摩尔数为（　　）

A. 8　　　B. 10　　　C. 12　　　D. 14

19. 催化三羧酸循环中的氧化脱羧反应的酶是（　　）

A. 丙酮酸脱氢酶复合体　　　B. α-酮戊二酸脱氢酶复合体

C. 琥珀酸脱氢酶　　　　　　D. 苹果酸脱氢酶

20. 下列叙述不正确的是（　　）

A. 三羧酸循环由柠檬酸的生成开始

B. 三羧酸循环的中间产物起催化剂作用，反应前后其含量永远不会改变

C. 三羧酸循环不可逆

D. 每次三羧酸循环中发生一次底物水平磷酸化

21. 每摩尔葡萄糖经有氧氧化分解，可净产生的 ATP 数是（　　）

A. 2mol　　　B. 3mol　　　C. 36～38mol　　　D. 129mol

22. 糖酵解和糖有氧氧化的共同中间代谢物是（　　）

A. 乳酸　　　B. 丙酮酸　　　C. 乙酰 CoA　　　D. 草酰乙酸

23. 关于磷酸戊糖途径的描述，正确的是（　　）

A. 反应过程从 6-磷酸葡萄糖脱氢开始

B. 是人体内产生 NADPH 的唯一途径

C. 除成熟的红细胞外，其他组织细胞均可进行

D. 是机体获取 ATP 的另一重要途径

24. 体内 NADPH 的一个主要来源是（　　）

A. 糖酵解途径　　　　B. 三碳途径

C. 脂肪酸 β-氧化　　　D. 磷酸戊糖途径

25. 肌肉不能通过糖异生及糖原分解直接补充血糖，是因为缺乏（　　）

A. 6-磷酸葡萄糖脱氢酶　　　B. 葡萄糖-6-磷酸酶

C. 葡萄糖激酶　　　　　　　D. α-磷酸甘油脱氢酶

26. 糖异生的关键酶不包括（　　）

A. 丙酮酸羧化酶　　　B. 磷酸烯醇式丙酮酸羧化酶

C. 果糖二磷酸酶　　　D. 葡萄糖-6-磷酸酶

27. 关于血糖的描述，不正确的是（　　）

A. 正常人安静空腹时，血糖水平相当稳定

B. 血糖的参考正常值是 3.89～6.11mmol/L（碱性铜法）

C. 血糖浓度过低有可能出现昏迷

D. 血糖是脑组织唯一可利用的能源

28. 关于高血糖及糖尿的叙述，不正确的是（　　）

A. 空腹血糖高于 7.2mmol/L 者，属于高血糖

B. 高血糖不一定出现糖尿

C. 出现糖尿肯定是病理过程

D. 糖尿病患者血糖升高、可出现糖尿

29. 关于低血糖的描述，不正确的是（　　）

A. 指血糖低于 3.9mmol/L　　　B. 血糖过低可影响脑功能

C. 严重肝疾患者易发生低血糖　　D. 胰岛素分泌不足常引起低血糖

30. 可降低血糖的激素是（　　）

A. 胰高血糖素　　B. 皮质激素　　C. 肾上腺素　　D. 胰岛素

31. 从器官水平的调节看，对血糖浓度调节功能最强的器官是（　　）

A. 肝　　B. 肾　　C. 脑　　D. 心

（二）配伍选择题（每题从四个备选项中选出一个最佳答案，备选项可重复选用）

[1～3]

A. 丙酮酸　　B. 柠檬酸　　C. UDPG　　D. UTP

1. 三羧酸循环的第一个中间产物是（　　）

2. 糖酵解途径的终产物是（　　）

3. 糖原合成时葡萄糖的活性供体是（　　）

[4～7]

A. 丙酮酸激酶　　　B. 丙酮酸脱氢酶复合体

C. 丙酮酸羧化酶　　D. 异柠檬酸脱氢酶

4. 糖酵解途径的关键酶是（　　）

5. 糖异生的关键酶是（　　）

6. 三羧酸循环的关键酶是（　　）

7. 催化丙酮酸脱羧的酶是（　　）

[8～11]

A. 2　　B. 3　　C. 12　　D. 36

8. 1分子乙酰CoA经三羧酸循环和氧化磷酸化彻底氧化生成的ATP数（　　）

9. 1分子葡萄糖经有氧氧化净生成的ATP数（　　）

10. 1分子葡萄糖经无氧氧化净生成的ATP数（　　）

11. 糖原的1个葡萄糖残基经糖酵解净生成的ATP数（　　）

二、填空题

1. 体内糖的运输形式是_____；储存形式是_____。

2. 成熟红细胞因没有_____而不能进行糖有氧氧化，只能经由_____提供ATP。

3. 丙酮酸脱氢酶复合体的5种辅助因子是：_____、_____、_____、_____和_____。

4. 三羧酸循环的3个关键酶是：_____、_____和_____。

5. 三羧酸循环1周，1分子乙酰CoA经过_____次脱氢、_____脱羧和一次底物水平磷酸化反应，共生成_____分子ATP和_____分子CO_2。

6. 磷酸戊糖途径生理意义是提供_____和_____。

7. 糖原合成时葡萄糖的活性供体是_____。

8. 糖原合成与糖原分解的关键酶依次是_____和_____。

9. 肌肉因缺乏_____酶，故肌糖原不能分解成葡萄糖补充血糖。

10. 糖酵解中由_____、_____和_____三种酶催化的反应是不可逆反应，糖异生时必须由_____、_____、_____和_____四种酶催化才能绕过这三个障碍，使反应逆转。

11. 血糖的三个主要来源是：_____，_____和_____。

12. 可降低血糖的激素是_____；而升高血糖的激素有_____、_____和_____等。

三、判断题

1. （　　）骨骼肌是体内进行糖原分解和糖异生的重要组织之一。

2. （　　）糖异生是糖酵解反应的逆反应。

3. （　　）体内储存糖原最多的是肝脏。

4. （　　）每分子葡萄糖经历糖酵解生成2分子乳酸，可净得2分子ATP和2分子（NADH＋H$^+$）。

5. （　　）糖原是体内糖的储存形式，葡萄糖是体内糖的运输形式。

6. （　　）胰岛素促进糖的异生，从而使血糖降低。

7. （　　）糖酵解及糖有氧氧化都必须先经历糖酵解途径。

8. （　　）三羧酸循环是机体所有物质氧化分解的途径。

9. （　　）从组织器官角度来看，肝脏是调节血糖浓度的最重要器官。

10. （　　）体内各组织细胞在有氧条件下均优先经由糖有氧氧化供能。

11. （　　）三羧酸循环和氧化磷酸化是糖、脂肪、蛋白质分解代谢的最后共同通路。

12. （　　）糖原合成与糖原分解互为逆反应过程。

四、名词解释

1. 糖酵解

2. 糖有氧氧化

3. 三羧酸循环

4. 糖异生作用

5. 糖原合成

6. 糖原分解

7. 血糖

五、问答题

1. 简述血糖的来源与去路。

2. 简述磷酸戊糖途径的生理意义。

3. 简述糖酵解和有氧氧化的重要生理意义。

4. 从反应条件、细胞内定位、主要反应阶段、终产物、ATP生成及生理意义几个方面比较糖酵解与糖的有氧氧化。

第五章 生物氧化

【内容精讲】

第一节 生物氧化概述

一、生物氧化的概念和分类

1. 生物氧化的概念

物质在生物体内的氧化分解过程称为生物氧化，主要指糖、脂肪和蛋白质等营养物质在细胞内彻底氧化成 H_2O 和 CO_2 并释出能量的过程。

2. 生物氧化的分类

（1）线粒体内的生物氧化　氧化分解营养物质，是机体产生 ATP 的主要途径。

（2）非线粒体的生物氧化　在微粒体和过氧化物体内进行，氧化分解机体内代谢物、药物及毒物，与它们的清除和排泄有关。

二、生物氧化的特点

生物氧化和体外燃烧生成的 H_2O、CO_2 及释放的能量相同，但由于在生物体内进行，故有其相应特点：反应条件温和；CO_2 由底物直接脱羧产生，H_2O 由底物脱氢并传递给 O_2 结合生成；能量逐步释放；速度可由细胞自动调控。

三、生物氧化反应的类型

（1）脱电子反应　作用物在反应过程中失去电子，由受电子体接受电子。

（2）脱氢反应　从作用物分子中脱去一对氢，由受氢体接受氢。

（3）加氧反应　作用物分子中直接加入氧原子或氧分子。

四、生物氧化反应的酶类

1. 氧化酶类

催化代谢物脱氢氧化，并以氧分子为受氢体生成 H_2O，其辅基中常含有金属离子如铁或铜。

2. 脱氢酶类

（1）需氧脱氢酶　催化代谢物脱氢并以氧为受氢体，产物为 H_2O_2，辅基为 FMN 或 FAD。

（2）不需氧脱氢酶　催化代谢物脱氢但不以氧为受氢体，而以其辅基作为直接受氢体。辅基可为 NAD^+、$NADP^+$、FMN 或 FAD。

五、生物氧化过程中 CO_2 的生成

由有机酸脱羧作用生成。根据所脱羧基位置可分为 α-脱羧和 β-脱羧；根据脱羧反应是否伴有氧化反应可分为单纯脱羧和氧化脱羧。

第二节 线粒体氧化体系

线粒体内膜上按一定顺序排列的酶和辅酶组成的传递氢或电子的体系称为电子传递链，

可将代谢物脱下的成对氢原子传递给氧生成水。由于此过程与细胞呼吸有关，此链也称为呼吸链。其中能同时传递氢和电子的酶或辅酶称之为递氢体。能传递电子的酶或辅酶称之为递电子体。

一、呼吸链的组成及电子传递顺序

1. 呼吸链的主要成分及其作用机制

（1）尼克酰胺核苷酸（烟酰胺核苷酸）　辅酶Ⅰ（NAD^+）和辅酶Ⅱ（$NADP^+$）分子中的尼克酰胺（维生素 PP）部分能进行可逆的加氢和脱氢反应，都是递氢体。

（2）黄素酶或黄素蛋白（FP）　黄素酶的辅基有两种：黄素单核苷酸（FMN）和黄素腺嘌呤二核苷酸（FAD），其分子中的核黄素（维生素 B_2）部分能进行可逆的加氢和脱氢反应，因此它们都是递氢体。

（3）铁硫蛋白（Fe-S）　铁硫蛋白通过 Fe-S 中的 Fe^{2+}（还原态）和 Fe^{3+}（氧化态）的互变而传递电子，是递电子体。

（4）辅酶 Q（CoQ）　又称泛醌，是脂溶性醌类化合物，其苯醌结构能可逆地进行加氢和脱氢反应，是递氢体。

（5）细胞色素（Cyt）　细胞色素是一类以铁卟啉为辅基的结合蛋白，卟啉环中的铁离子能可逆地进行 Fe^{2+} 和 Fe^{3+} 的互变，因此细胞色素是递电子体。

2. 呼吸链的电子传递顺序

（1）呼吸链的蛋白复合体　呼吸链中大部分递氢体和递电子体在线粒体内膜中形成 4 个蛋白复合体，脂溶性的 CoQ 和水溶性的 Cytc 游离存在。

① 复合体Ⅰ（NADH-CoQ 还原酶）：由黄素蛋白（FMN 为辅基）及铁硫蛋白组成。

② 复合体Ⅱ（琥珀酸-CoQ 还原酶）：由黄素蛋白（FAD 为辅基）及铁硫蛋白等组成。

③ 复合体Ⅲ（细胞色素 c 还原酶）：由铁硫蛋白、细胞色素 b 及细胞色素 c_1 等组成。

④ 复合体Ⅳ（细胞色素 c 氧化酶）：由细胞色素 a、细胞色素 a_3 及铜离子等组成。

（2）呼吸链的电子传递顺序

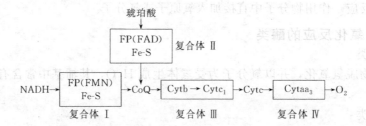

即体内存在两条主要的呼吸链：NADH 呼吸链和 $FADH_2$ 呼吸链（琥珀酸呼吸链）。

二、生物氧化过程中 ATP 的生成

水解时释出的能量 > 21kJ/mol 的化学键称为高能键。含有高能键的化合物称为高能化合物。体内主要的高能化合物是 ATP，其是机体能量释放、储存和利用的中心。

1. 体内 ATP 的生成方式

（1）底物水平磷酸化　底物分子中高能键的能量直接转移给 ADP 或其他核苷二磷酸，使其磷酸化生成 ATP 或其他核苷三磷酸的过程称为底物水平磷酸化。

（2）氧化磷酸化　由代谢物脱下的氢通过呼吸链传递给氧生成水，同时逐步释放能量，使 ADP 磷酸化形成 ATP，这种氧化和磷酸化相偶联的过程称为氧化磷酸化（偶联磷酸化）。它是体内 ATP 生成的主要方式。

2. 氧化磷酸化偶联部位及机制

（1）氧化磷酸化的偶联部位　三个，即 NADH→CoQ、Cytb→Cytc 和 Cytaa$_3$→O$_2$ 之间。

（2）氧化磷酸化偶联部位的确定

① P/O 比值的测定：P/O 比值指每消耗 1mol 氧原子时 ADP 磷酸化成 ATP 所消耗的无机磷的摩尔数。根据测定不同作用物经呼吸链氧化的 P/O 比值，可大致推出偶联部位。NADH 呼吸链的 P/O 比值为 3，即一对氢通过 NADH 呼吸链传递生成水可产生 3 个 ATP；FADH$_2$ 呼吸链的 P/O 比值为 2，即一对氢通过 FADH$_2$ 呼吸链传递生成水可产生 2 个 ATP。

② 标准氧化还原电位的测定：电子沿呼吸链由低氧化还原电位向高氧化还原电位传递的过程是一个放能的过程，根据标准氧化还原电位差可计算能量的释放，以判定 ATP 生成部位。

（3）氧化磷酸化的偶联机制　普遍被接受的是化学渗透假说：电子经呼吸链传递时，在质子泵作用下将质子（H$^+$）从线粒体内膜的基质侧泵到内膜外侧，造成膜内外质子电化学梯度（H$^+$ 浓度梯度和跨膜电位差），以此储存能量。当质子顺梯度回流时驱动 ATP 合成。

3. 影响氧化磷酸化作用的因素

（1）ADP 和 ATP 的调节　ADP/ATP 比值是调节氧化磷酸化的重要因素。ADP/ATP 比值增加可加速氧化磷酸化，反之则减慢。

（2）甲状腺素的调节作用　甲状腺素通过活化 Na$^+$-K$^+$-ATP 酶加快 ATP 的分解和 ADP 的生成，因而可增强氧化磷酸化。

（3）氧化磷酸化作用的抑制剂

① 呼吸链阻断剂：分别抑制呼吸链中的不同环节，使作用物氧化过程受阻，偶联磷酸化也就无法进行，ATP 生成随之减少。如鱼藤酮、阿米妥阻断复合体 I；抗霉素 A 阻断复合体 III；氰化物、CO 阻断复合体 IV 等。

② 解偶联剂：在解偶联剂作用下，使氧化和磷酸化脱节，以致氧化过程照常进行但不能生成 ATP 称为解偶联作用。如 2,4-二硝基酚（DNP）和棕色脂肪组织中的解偶联蛋白为常见的解偶联剂。

③ 氧化磷酸化抑制剂：对电子传递及 ADP 磷酸化均有抑制作用，如寡霉素。

三、线粒体外 NADH 的转运

线粒体外生成的 NADH 必须通过一定的穿梭作用才能转运到线粒体内进行氧化。线粒体外 NADH 的转运机制主要有以下两种。

（1）苹果酸-天冬氨酸穿梭作用　此穿梭机制主要存在于肝脏和心肌等组织，经此穿梭胞液中 1 分子 NADH＋H$^+$ 能生成 3 分子 ATP。

（2）α-磷酸甘油穿梭作用　此穿梭机制主要存在于肌肉和神经细胞等组织，经此穿梭胞液中 1 分子 NADH＋H$^+$ 只能生成 2 分子 ATP。

四、ATP 的生理功用

① 机体各种生理、生化活动的主要供能物质。

② 转变生成其他高能磷酸化合物，作为间接供能物质。如：UTP 可用于糖原合成；CTP 可用于磷脂合成；GTP 可用于蛋白质合成。另外，磷酸肌酸作为肌肉和脑组织中能量的储存形式，机体需要时可将其高能磷酸键转给 ADP 生成 ATP 以直接供能。

第三节　非线粒体氧化体系

非线粒体氧化体系的特点是在氧化过程中不偶联磷酸化，不能产生 ATP。

一、微粒体氧化体系

催化 O_2 的一个氧原子加到作用物分子上，另一个氧原子被 $NADPH+H^+$ 还原成水的酶称为加单氧酶系，又称混合功能氧化酶或羟化酶。

二、过氧化物酶体氧化体系

(1) 过氧化氢的生成　需氧脱氢酶催化生成 H_2O_2，超氧化物歧化酶（SOD）催化超氧化物基团生成 H_2O_2。

(2) 过氧化氢的作用和毒性　H_2O_2 有一定生理作用；H_2O_2 是强氧化剂，对细胞有毒害作用。

(3) 过氧化氢的利用　过氧化物酶体中有过氧化氢酶和过氧化物酶可以处理或利用 H_2O_2。

【习题练习】

一、选择题

（一）最佳选择题（从四个备选答案中选出一个正确答案）

1. 关于生物氧化的描述不正确的是（　　）
A. 生物氧化是在体温、pH 接近中性的条件下进行的
B. 生物氧化过程是一系列酶促反应，并逐步氧化，逐步释放能量
C. 所产生的能量均以 ADP 磷酸化为 ATP 形式生成和利用
D. 最终产物是 H_2O、CO_2 和能量

2. 关于呼吸链的描述不正确的是（　　）
A. 胞液中代谢物脱下的 2H 也能进入呼吸链传递
B. 呼吸链存在于线粒体内膜上
C. 如果不与磷酸化相偶联，电子传递就中断
D. 呼吸链中的递氢体同时也是递电子体

3. 体内 CO_2 来自（　　）
A. 碳原子被氧原子氧化　　B. 有机酸的脱羧
C. 糖原的分解　　　　　　D. 呼吸链的氧化还原过程

4. 下列化合物中不是呼吸链的成员的为（　　）
A. CoQ　　B. Cytc　　C. $NADP^+$　　D. Cu

5. 下列呼吸链组分中属于递氢体的是（　　）
A. Fe-S　　B. 细胞色素　　C. CoQ　　D. 细胞色素 c 氧化酶

6. 下列有关细胞色素的描述正确的是（　　）
A. 全部存在于线粒体中　　B. 全部含有铁卟啉辅基
C. 都是递电子体　　　　　D. 与 CO、CN^- 结合后丧失活性

7. 下列物质在代谢过程中脱下的氢不经 NADH 呼吸链氧化的是（　　）
A. 谷氨酸　　B. 乳酸　　C. 琥珀酸　　D. 苹果酸

8. 组成 $FADH_2$ 呼吸链的蛋白复合体不包括（　　）
A. NADH-CoQ 还原酶　　B. 琥珀酸-CoQ 还原酶
C. 细胞色素 c 还原酶　　D. 细胞色素 c 氧化酶

9. NADH 脱氢酶的受氢体是（　　）
A. NAD^+　　B. FAD　　C. CoQ　　D. FMN

10. 催化电子在 NADH 与泛醌之间传递的是（　　）

A. 复合体Ⅰ   B. 复合体Ⅱ   C. 复合体Ⅲ   D. 复合体Ⅳ

11. 细胞色素在呼吸链中的排列顺序为（　D　）

A. $c \rightarrow b \rightarrow c_1 \rightarrow aa_3 \rightarrow 1/2O_2$ B. $b \rightarrow c \rightarrow c_1 \rightarrow aa_3 \rightarrow 1/2O_2$

C. $c_1 \rightarrow c \rightarrow b \rightarrow aa_3 \rightarrow 1/2O_2$ D. $b \rightarrow c_1 \rightarrow c \rightarrow aa_3 \rightarrow 1/2O_2$

12. P/O 比值是指（　　）

A. 每消耗 1mol 氧所消耗无机磷的摩尔数

B. 每消耗 1mol 氧所生成 ATP 的摩尔数

C. 每消耗 1g 氧原子所消耗的无机磷的摩尔数

D. 每消耗 1mol 氧原子所生成 ATP 的摩尔数

13. 下列不是氧化磷酸化偶联部位的是（　　）

A. $FADH_2 \rightarrow CoQ$ B. $NADH \rightarrow CoQ$ C. $Cytb \rightarrow Cytc$ D. $Cytc \rightarrow O_2$

14. 能将 $2H^+$ 游离于介质而将电子传递给细胞色素的是（　　）

A. $NADH + H^+$ B. $FADH_2$ C. CoQ D. $FMNH_2$

15. 关于氧化磷酸化的描述不正确的是（　　）

A. 氧化磷酸化又称偶联磷酸化

B. 氧化磷酸化是体内生成 ATP 的主要方式

C. GTP、CTP、UTP 也可由氧化磷酸化直接产生

D. 细胞内 ATP 增加，可抑制氧化磷酸化过程

16. 调节氧化磷酸化作用的重要激素是（　　）

A. 甲状腺素   B. 生长素   C. 胰岛素   D. 肾上腺素

17. 下列化合物中不含高能磷酸键的是（　　）

A. 1,6-二磷酸果糖   B. 磷酸肌酸   C. 磷酸烯醇式丙酮酸   D. 1,3-二磷酸甘油酸

18. 从低等的单细胞生物到高等的人类，能量的释放、储存和利用都以下列哪一种物质为中心（　　）

A. GTP   B. UTP   C. TTP   D. ATP

19. 线粒体外 NADH 经苹果酸-天冬氨酸穿梭进入线粒体后氧化磷酸化，能得到的最大 P/O 比值约为（　　）

A. 0   B. 1   C. 2   D. 3

20. 下列关于营养物质在体外燃烧和生物体内氧化的描述正确的是（　　）

A. 都需要催化剂   B. 都是逐步释放能量

C. 生成的终产物基本相同   D. 氧与碳原子都直接化合生成 CO_2

21. 关于高能键的描述正确的是（　　）

A. 所有高能键都是高能磷酸键

B. 高能磷酸键都是以核苷二磷酸或核苷三磷酸形式存在的

C. 实际上并不存在"键能"特别高的高能键

D. 有 ATP 参与的反应都是不可逆的

（二）配伍选择题（每题从四个备选项中选出一个最佳答案，备选项可重复选用）

[1~4]

A. 阿米妥   B. 寡霉素   C. CO   D. 2,4-二硝基酚

1. 氧化磷酸化的解偶联剂是（　　）

2. 细胞色素 c 氧化酶的抑制剂是（　　）

3. 可与 ATP 合酶结合的是（　　）

4. 能与复合体Ⅰ中的铁硫蛋白结合的是（　　）

[5～7]

    A. TTP   B. CTP   C. GTP   D. UTP

5. 可用于糖原合成的是（　　　）

6. 可用于磷脂合成的是（　　　）

7. 可用于蛋白质生物合成中肽链延长的是（　　　）

二、填空题

1. 生物体内氧化反应的类型有_____、_____和_____三种。

2. 体内两条重要的呼吸链分别是_____和_____，其中最主要的呼吸链是_____。以上两条呼吸链的 P/O 比值分别是_____和_____。

3. 呼吸链由复合体Ⅰ、复合体Ⅱ、复合体Ⅲ、复合体Ⅳ、_____和_____组成，其中复合体Ⅰ也称_____；复合体Ⅱ也称_____；复合体Ⅲ也称_____；复合体Ⅳ也称_____。

4. 线粒体呼吸链中，从 NADH 到分子氧之间通过氧化磷酸化产生 ATP 的三个部位分别是_____、_____和_____。

5. ATP 的生成方式有_____和_____两种，其中_____是人体内 ATP 生成的主要方式。

6. 目前已知的三个底物水平磷酸化反应是_____、_____和_____。

7. 胞液中 $NADH+H^+$ 进入线粒体内氧化的两个穿梭作用分别是_____和_____。

三、判断题

1. （　　　）2H 经 $FADH_2$ 呼吸链氧化可产生 2 分子的 ATP。

2. （　　　）呼吸链中电子是由高氧化还原电位向低氧化还原电位传递。

3. （　　　）抗霉素 A 是一种呼吸链阻断剂，可特异性阻断复合体Ⅲ。

4. （　　　）1 分子 NADH 由胞液经 α-磷酸甘油穿梭进入线粒体氧化磷酸化后能产生 3 分子 ATP。

5. （　　　）在肌肉中，能量主要是以 ATP 的形式进行储存的。

6. （　　　）微粒体和过氧化物酶体氧化体系的主要作用也是为机体产生 ATP。

四、名词解释

1. 生物氧化

2. 呼吸链

3. 高能键及高能化合物

4. 底物水平磷酸化

5. 氧化磷酸化

6. P/O 比值

7. 解偶联作用

五、问答题

1. 何为生物氧化？它有何特点？生物氧化的方式有哪些？

2. 写出线粒体内两条呼吸链的组成及其递氢（电子）顺序。

3. 简述影响氧化磷酸化作用的抑制剂及其抑制部位。

4. 为什么胞液中 $NADH+H^+$ 的 2H 被彻底氧化时可能生成 2 分子 ATP，也可能生成 3 分子 ATP？

第六章　脂 类 代 谢

【内容精讲】

第一节　脂类的组成、分布及生理功能

一、体内主要的脂类

$$脂类\begin{cases}脂肪 \text{[三酰甘油（甘油三酯）、TG]} \\ 类脂\begin{cases}胆固醇（Ch）及胆固醇酯（CE）\\磷脂（PL）\\糖脂\end{cases}\end{cases}$$

二、脂类的分布
① 脂肪主要存在于脂肪细胞内，占体重的 $10\%\sim20\%$。
② 类脂约占体重的 5%，分布于机体各组织中，以脑中最多。

三、脂类的生理作用
① 供能和储能、维持体温及保护作用。
② 构成生物膜结构。
③ 供给必需脂肪酸：亚油酸、亚麻酸和花生四烯酸。
④ 可转变为肾上腺素、性激素及胆汁酸等生理活性物质。
⑤ 可衍生成前列腺素、血栓素、白三烯等，参与多种体内代谢调节。

第二节　脂类的消化和吸收

脂类的消化吸收主要在小肠进行。

一、脂类的消化
脂类的消化主要在小肠上段进行。

$$\begin{matrix}脂肪及少量磷\\脂胆固醇酯\end{matrix}\xrightarrow[\text{胆汁酸盐（强乳化剂）}]{\text{胰脂酶、辅脂酶、磷脂酶 }A_2\text{、胆固醇酯酶}}\begin{matrix}甘油一酯、脂酸溶\\血磷脂、胆固醇\end{matrix}$$

二、脂类的吸收
（1）部位　主要在十二指肠下段及空肠上段。
（2）方式及去向
① 甘油吸收后直接进入门静脉。
② 甘油一酯、溶血磷脂、胆固醇在肠黏膜细胞重新合成甘油三酯和胆固醇酯，结合磷脂和载脂蛋白，以乳糜微粒形式入血。

第三节　血脂与血浆脂蛋白

一、血脂与血浆脂蛋白的组成及含量

1. 血脂的组成及含量

（1）血脂　血浆中各种脂类的总称。包括甘油三酯、磷脂、胆固醇及其酯、游离脂肪酸等。

（2）血脂来源

① 外源性：从食物摄取的脂类经消化吸收入血。

② 内源性：肝、脂肪细胞及其他组织合成后释入血。

（3）影响血脂含量的因素　血脂含量波动范围较大，年龄、性别、职业、膳食和代谢等均可影响血脂含量。

2. 血浆脂蛋白的组成及含量

（1）血浆脂蛋白　由甘油三酯、胆固醇及其酯、磷脂与蛋白质（载脂蛋白）组成的复合物。血浆脂蛋白是血脂的存在形式与运输形式。

（2）血浆脂蛋白的分类、组成特征、合成部位及生理功能（见表 6-1）

表 6-1　血浆脂蛋白的分类、组成特征、合成部位及生理功能

分　类	电泳法密度法	乳糜微粒 CM	前 β-脂蛋白 VLDL	β-脂蛋白 LDL	α-脂蛋白 HDL
组成特征 合成部位 生理功能		含大量甘油三酯 小肠黏膜细胞 转运外源性甘油三酯及胆固醇到全身	含多量甘油三酯 肝细胞 转运内源性甘油三酯到全身组织	含大量胆固醇 血浆 转运内源性胆固醇（肝→全身）	含大量载脂蛋白 肝、肠 逆向转运胆固醇（肝外→肝）

（3）载脂蛋白（Apo）　Apo 指血浆脂蛋白中的蛋白质部分，其基本功能是运载脂类。这是一类主要由肝和小肠合成的特异球蛋白。

二、血浆脂蛋白的代谢

（1）CM　消化吸收的脂类→小肠黏膜细胞→甘油三酯＋磷脂、胆固醇、载脂蛋白→成熟 CM。经 LPL 催化下，CM 中的甘油三酯不断水解成脂肪酸和甘油，转变为残余颗粒，经胞吞作用进入肝细胞。

（2）VLDL　由肝细胞合成。甘油三酯、磷脂、胆固醇、载脂蛋白共同形成的 VLDL→血→IDL→LDL。

（3）LDL　由 VLDL 在血浆中转变而来。

（4）HDL　由肝、小肠合成。由磷脂、胆固醇和载脂蛋白形成盘状的新生的 HDL→经 LCAT 作用→成熟的 HDL，在肝脏中降解。

三、高脂血症

（1）高脂血症　指空腹血脂浓度超过参考正常值的上限。可分为高甘油三酯血症（＞2.2mmol/L）、高胆固醇血症（＞6mmol/L）等。主要由于载脂蛋白、脂蛋白受体或脂蛋白代谢缺陷引起。

（2）分型　Ⅰ、Ⅱa、Ⅱb、Ⅲ、Ⅳ及Ⅴ型共六种。

第四节　甘油三酯的中间代谢

一、甘油三酯的分解代谢

1. 甘油三酯的分解

（1）脂肪动员　脂库中储存的甘油三酯，经脂肪酶的水解作用生成脂肪酸与甘油，释放

入血供其他各组织细胞摄取和利用的过程。

(2) 限速酶　激素敏感性甘油三酯脂肪酶。

(3) 脂解激素　肾上腺素、胰高血糖素等，能促进脂肪动员的激素。

(4) 抗脂解激素　胰岛素等，对抗脂解激素的作用。

(5) 脂解产物的去向　入血。

2. 脂肪酸的 β-氧化分解

(1) 脂肪酸的活化　脂酰 CoA 的生成。

① 胞内定位：胞液。

② 反应过程：脂肪酸＋HSCoA＋ATP→脂酰 CoA＋AMP＋PPi。

1 分子脂酸活化消耗 2 分子 ATP。

③ 酶：脂酰 CoA 合成酶。

(2) 脂酰 CoA 进入线粒体　肉毒碱协助。肉毒碱-脂酰转移酶Ⅰ为脂肪酸 β-氧化的限速酶。

(3) 脂酰 CoA 的 β-氧化

① 概念：脂肪酸（脂酰基）在线粒体内的氧化分解从其羧基端的 β-碳原子开始，每次断裂下来 1 分子乙酰 CoA 的循环反应过程，称 β-氧化。

② 反应部位：线粒体内。

③ 反应过程：脱氢、水化、脱氢、硫解。

(4) 脂肪酸的彻底氧化及能量生成　含偶数碳的脂肪酸（脂酰基）经循环进行的 β-氧化过程，最后完全分解成许多乙酰 CoA，生成的乙酰 CoA 可进入三羧酸循环彻底氧化，放出大量能量；同时生成的 $FADH_2$ 和 $NADH＋H^+$ 也可通过呼吸链氧化磷酸化合成 ATP。

如，1 分子 16 碳的软脂酸完全氧化成 CO_2 和水时，经历 7 次 β-氧化。

① 生成 $7(NADH＋H^+＋FADH_2)$，经呼吸链氧化磷酸化生成：$7×5＝35ATP$。

② 产生 8 分子乙酰 CoA，经 TAC 和氧化磷酸化彻底氧化生成为 $8×12＝96ATP$。

总共生成为 $35ATP＋96ATP＝131ATP$，减去活化时消耗的 2ATP，净生成为 129 分子 ATP。

3. 酮体的生成及氧化利用

乙酰乙酸、β-羟丁酸和丙酮统称为酮体。酮体是脂酸在肝分解氧化时特有的中间代谢物。

(1) 酮体的生成

① 原料：乙酰 CoA。

② 部位：肝线粒体。

③ 关键酶：HMGCoA 合成酶。

④ 过程

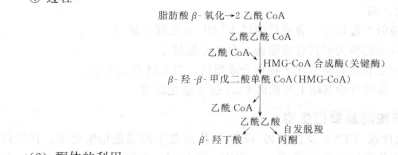

(2) 酮体的利用

① 部位：肝外组织，主要在脑、心肌、骨骼肌等。

② 过程：琥珀酰 CoA 转硫酶或乙酰乙酸硫激酶及乙酰乙酰 CoA 硫解酶催化。

（3）酮体生成与利用的意义

① 生理意义：a. 酮体是脂肪酸在肝中代谢的正常产物；b. 酮体是肝向肝外组织输出能源物质的一种重要方式。肝脏将不溶于水的、碳链长的、不易利用的脂肪酸加工为易溶于水的、小分子的、易于利用的酮体，供肝外组织摄取利用；c. 酮体能通过血脑屏障及肌肉毛细血管，在长期饥饿、糖供应严重不足时，酮体可以代替葡萄糖，成为脑及肌肉的主要能源。

② 病理意义：正常情况下，肝内生酮和肝外解酮达到平衡，血液中酮体浓度相对恒定，维持在 $0.8 \sim 5 mg$ 之间，尿中检不出酮体。当机体处于饥饿而大量动员储存脂肪，或因患糖尿病等原因使葡萄糖氧化受阻时，会使酮体生成过量而超过肝外组织利用酮体的能力，出现血中酮体含量过高，称为酮血症。严重时尿中有酮体（酮尿症）。因为酮体中乙酰乙酸和 β-羟丁酸是酸性物质，血中浓度过高，会引起血液 pH 下降，导致酮症酸中毒。

4. 甘油的氧化分解

甘油→α-磷酸甘油→磷酸二羟丙酮→糖氧化分解或糖异生途径

二、甘油三酯的合成代谢

1. 脂肪酸的生物合成

（1）合成部位 肝、肾、脑、肺、乳腺、脂肪组织的胞液。

（2）原料及来源 乙酰 CoA（来自糖代谢的乙酰 CoA 通过丙酮酸—柠檬酸循环转运出线粒体）；此外还需 $NADPH+H^+$（主要来自磷酸戊糖途径）、CO_2、ATP、Mn^{2+}、生物素等。

（3）脂酸合成酶系及反应过程

① 丙二酰 CoA 的合成

$$CH_3CO\text{-}CoA+CO_2+ATP \xrightarrow[\text{生物素、}Mn^{2+}]{\text{乙酰 CoA 羧化酶}} HOOC\text{-}CH_2CO\text{-}CoA+ADP+Pi$$

限速酶：乙酰 CoA 羧化酶。

② 脂肪酸合成酶系：7 个酶（乙酰转移酶、丙二酸单酰转移酶、缩合酶、β-酮酯酰还原酶、脱水酶、烯脂酰还原酶和硫酯酶）与脂酰基载体蛋白（ACP）构成多酶复合体（大肠杆菌中）。

③ 脂酸合成过程

a. 乙酰 CoA 除一分子直接参与脂肪酸合成反应外，其余均须经过乙酰 CoA 羧化酶催化生成丙二酸单酰 CoA 后才能进入合成脂肪酸的途径。

b. 丙二酸单酰 CoA 由脂肪酸合成酶系催化合成脂肪酸，每经一次缩合、还原、脱水、再还原循环反应就在脂酰基上增加两个碳原子单位，经过多次重复循环，最终可得软脂酸。

c. 软脂酸经加工改造可生成各种饱和与不饱和脂肪酸，但三种必需脂肪酸除外。

2. 甘油三酯的生物合成

（1）合成原料 甘油及脂酸，主要由葡萄糖代谢提供。

（2）合成部位及产物去向

① 肝：合成能力最强但不能储存，合成后通过 VLDL 运至肝外组织。

② 脂肪组织：主要以葡萄糖为原料合成脂肪，合成并能储存。

③ 小肠黏膜细胞：主要利用脂肪消化产物再合成脂肪，以 CM 形式入血。

（3）合成过程 在 α-磷酸甘油基础上与脂酰 CoA 逐步酯化而成。

三、多不饱和脂肪酸的重要衍生物

前列腺素（PG）、血栓素（TX）及白三烯（LTs）均由花生四烯酸衍生而来。其生理功能为：①PGE_2 是诱发炎症的主要因素之一，PGE_2 和 PGA_2 有降血压作用。PGE_2 和 $PGF_{2\alpha}$ 引起排卵，$PGF_{2\alpha}$ 促进分娩；②TX 引起血小板聚集，血管收缩，促进凝血和血栓的形成；③LT 可调节白细胞的功能，促进炎症和过敏反应的发展，使平滑肌收缩。

第五节 磷脂的代谢

一、基本结构与分类

磷脂是各种含磷（酸）的脂类物质的总称。磷脂是构成生物膜及血浆脂蛋白的重要组分。

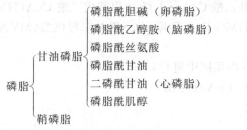

二、甘油磷脂的合成代谢与脂肪肝

（1）卵磷脂、脑磷脂的合成部位　各组织。肝最为活跃，其次为肾及小肠。

（2）卵磷脂、脑磷脂的合成原料　甘油二酯、磷酸盐、胆碱或乙醇胺（食物提供或丝氨酸为原料合成）等。S-腺苷蛋氨酸（SAM）提供甲基，ATP 及 CTP 供能。

（3）卵磷脂、脑磷脂合成的基本过程　胆碱或乙醇胺先活化成 CDP-胆碱和 CDP-乙醇胺，再分别和甘油二酯反应生成卵磷脂和脑磷脂。

（4）脂肪肝　肝脏是以脂蛋白的形式不断向肝外转运脂肪，如磷脂减少，则影响脂蛋白的形成和输出，使大量的脂肪堆积在肝脏，而发生脂肪肝。

三、甘油磷脂的分解代谢

磷脂在体内被磷脂酶催化水解为甘油、磷酸、脂肪酸以及含氮碱，再各自进行代谢。磷脂酶 A_1、磷脂酶 A_2 的单独作用可产生溶血磷脂。溶血磷脂可破坏细胞膜，蛇伤溶血、急性胰腺炎的发病机理与此有关。

第六节 胆固醇的代谢

胆固醇的主要生理功能：①是生物膜的重要组分，对维持生物膜的流动性及正常功能有重要作用；②在体内可转化生成多种生物活性物质（胆汁酸、维生素 D_3、类固醇激素）。

一、胆固醇的消化与吸收

（1）体内胆固醇来源　①内源性，体内合成（主要来源）；②外源性，食物消化吸收。

（2）消化吸收方式　食物中胆固醇包括游离胆固醇及其酯。胆固醇酯必须水解为胆固醇及脂肪酸才能吸收。

（3）影响消化吸收的因素

① 胆汁酸：促进消化吸收。

② 食物脂肪：其消化产物促进吸收及吸收后的转运。

③ 植物固醇：妨碍胆固醇的吸收。

④ 纤维素：与胆固醇结合而排出，减少吸收。

⑤ 食物中胆固醇含量：增加时，吸收率下降、但吸收的绝对量增加。

二、胆固醇的合成

（1）合成部位　除成年动物脑组织及成熟红细胞外，几乎全身各组织细胞均可合成胆固醇，主要在肝脏，其次是小肠；合成过程在细胞胞液及内质网上进行。

（2）合成原料　主要为乙酰 CoA，来自食物中的糖（主要）及脂肪。

$$\left.\begin{array}{ll} 18\text{分子} & \text{乙酰 CoA} \\ 36\text{分子} & \text{ATP} \\ 16\text{分子} & \text{NADPH}+\text{H}^+ \end{array}\right\} \text{合成 1 分子胆固醇}$$

（3）合成的基本过程　可分为三大步骤。

① 乙酰 CoA→乙酰乙酰 CoA→β-羟-β-甲基戊二酰 CoA（HMG-CoA）；

　HMG-CoA→（HMG-CoA 还原酶）→甲基二羟戊酸（MVA）。

② 6MVA→鲨烯。

③ 鲨烯→胆固醇（内质网中进行）。

（4）限速酶　HMG-CoA 还原酶。

（5）胆固醇的酯化

① 血浆中

$$胆固醇+卵磷脂 \xrightarrow{\text{卵磷脂-胆固醇脂酰基转移酶（LCAT）}} 胆固醇酯+溶血性卵磷脂$$

② 细胞内

$$胆固醇+脂酰 CoA \xrightarrow{\text{脂酰-胆固醇脂酰基转移酶（ACAT）}} 胆固醇酯+HSCoA$$

（6）胆固醇合成的调节　通过影响 HMG-CoA 还原酶活性实现。

① 饥饿：胆固醇合成↓；

　饱食：胆固醇合成↑。

② 食物富含胆固醇时体内合成量↓。因为胆固醇反馈抑制 HMG-CoA 还原酶。

③ 胰岛素：胆固醇合成↑；

胰高血糖素及糖皮质激素：胆固醇合成↓；

甲状腺素既促进合成，更促进转化，其总的作用是：降低血浆胆固醇。

三、胆固醇在体内的转变与排泄

胆固醇在体内虽不能彻底氧化供能，但可转变成多种生物活性物质。

① 在肝中转化成胆汁酸。

② 转变为维生素 D_3。

③ 转化成类固醇激素，包括肾上腺皮质激素、性激素等。

④ 胆固醇的排泄：a. 体内大部分胆固醇在肝脏转变为胆汁酸后随胆汁排出；b. 胆汁中的胆固醇（少量）→肠菌→粪固醇→随粪排出。

【习题练习】

一、选择题

（一）最佳选择题（从四个备选答案中选出一个正确答案）

1. 下列对于各种血浆脂蛋白的作用的描述，正确的是（　　）

A. CM 主要转运内源性甘油三酯（脂肪）　　B. VLDL 主要转运外源性甘油三酯

C. LDL 是运输胆固醇的主要形式　　　　　　D. β-脂蛋白主要转运外源性甘油三酯

2. 脂肪最重要的生理功能是（　　）

A. 保持体温　　　　　　　　　　B. 构成生物膜

C. 缓冲外来机械冲击，保护内脏　　D. 储能和供能

3. 下列物质中属于人体必需脂肪酸的是（　　）

A. 油酸　　B. 花生四烯酸　　C. 软脂酸　　D. 硬脂酸

4. 脂肪动员的关键酶是（　　）

A. 甘油一酯脂肪酶　　　B. 甘油二酯脂肪酶
C. 甘油三酯脂肪酶　　　D. 脂蛋白脂肪酶

5. 下列脂蛋白中胆固醇含量最高的是（　　）
A. CM　　B. 前β-脂蛋白　　C. β-脂蛋白　　D. α-脂蛋白

6. 从肝脏转运内源性甘油三酯到肝外组织的脂蛋白为（　　）
A. CM　　B. VLDL　　C. LDL　　D. HDL

7. 逆向转运胆固醇的脂蛋白是（　　）
A. HDL　　B. CM　　C. VLDL　　D. LDL

8. 激素敏感脂肪酶是（　　）
A. 脂蛋白脂肪酶　　　　B. 一酰甘油脂肪酶
C. 二酰甘油脂肪酶　　　D. 三酰甘油脂肪酶

9. 抗脂解激素是（　　）
A. 胰高血糖素　　B. 胰岛素　　C. 肾上腺素　　D. 甲状腺素

10. 关于脂肪动员（三酰甘油动员）的叙述，不正确的是（　　）
A. 指脂库中脂肪的水解及水解产物的释放
B. 由脂肪组织中的脂肪酶催化
C. 胰岛素可促进脂肪动员
D. 非脂肪细胞内的脂肪的水解不属于脂肪动员

11. 关于脂肪酸β-氧化的叙述，错误的是（　　）
A. 脂肪酸需先在胞液活化生成脂酰辅酶A
B. 脂酰辅酶A需进入线粒体才能进行β-氧化
C. 生成的乙酰辅酶A只能进入三羧酸循环继续氧化分解
D. 每次β-氧化包括脱氢、水化、再脱氢、硫解四步连续反应

12. 脂酰基进入线粒体的运载工具是（　　）
A. 辅酶A　　B. 载脂蛋白　　C. 肉毒碱　　D. 胆碱

13. 氧化脂酰CoA的酶系均存在于（　　）
A. 微粒体　　B. 线粒体　　C. 高尔基体　　D. 胞液

14. 脂肪酸β-氧化的反应过程为（　　）
A. 脱氢、加水、脱氢、水解　　　B. 脱氢、加水、脱氢、磷酸解
C. 脱氢、加水、脱氢、硫解　　　D. 脱氢、硫解、脱氢、脱水

15. 一分子十六碳饱和脂肪酸（软脂酸）在体内彻底氧化生成H_2O和CO_2时，净生成的ATP分子数为（　　）
A. 128　　B. 129　　C. 130　　D. 131

16. 能使脂肪酸转化生成酮体的组织为（　　）
A. 肝　　B. 脑　　C. 骨　　D. 肾

17. 关于酮体的生成，不正确的是（　　）
A. 酮体在肝中生成
B. 酮体是一种不正常的代谢产物，对机体有害
C. 合成酮体的原料是乙酰辅酶A
D. 饥饿及糖供应不足时酮体生成增加

18. 关于酮体的氧化利用的叙述，错误的是（　　）
A. 酮体不能在肝内氧化利用
B. 血糖供应不足时，心、脑组织利用酮体氧化供能增多

C. 正常时有少量酮体从尿中排出（尿酮阳性）

D. 酮体中可被氧化利用的部分主要是 β-羟丁酸及乙酰乙酸

19. 下列组织不能氧化利用酮体的是（　　　）

A. 骨骼肌　　B. 心肌　　C. 脑组织　　D. 肝脏

20. 不属于酮体的化合物是（　　）

A. 丙酮　　　B. 丙酮酸　　　C. 乙酰乙酸　　D. β-羟丁酸

21. 合成脂肪酸能力最强的组织是（　　　）

A. 脂肪组织　　　B. 脑组织　　　C. 肌肉组织　　　D. 肝脏

22. 关于脂肪酸合成的叙述，不正确的是（　　　）

A. 合成原料乙酰辅酶 A 主要来自糖代谢　　　B. 肝脏合成脂肪酸的能力极强

C. 限速酶是乙酰辅酶 A 羧化酶　　　　　　D. 合成过程是 β-氧化的逆过程

23. 脂肪酸合成的限速酶是（　　　）

A. HMG-CoA 合成酶　　　　　　B. HMG-CoA 还原酶

C. α-磷酸甘油酯酰基转移酶　　　D. 乙酰 CoA 羧化酶

24. 关于胆固醇代谢的叙述，错误的是（　　　）

A. 胆固醇合成原料乙酰辅酶 A 等主要来自糖代谢

B. 几乎全身各种组织细胞均可合成胆固醇

C. 胆固醇氧化分解可产生 ATP，也是机体获取 ATP 的重要途径

D. 胆固醇可转化生成胆汁酸、维生素 D_3 及类固醇激素

25. 体内合成胆固醇的直接原料为（　　　）

A. 丙酮酸　　　B. α-酮戊二酸　　　C. 乙酰 CoA　　　D. 草酸

26. 体内胆固醇合成的限速酶是（　　　）

A. HMG-CoA 合成酶　　　B. HMG-CoA 裂合酶

C. HMG-CoA 还原酶　　　D. ALA 合成酶

27. 脂肪酸 β-氧化，酮体利用及胆固醇的合成过程中共同的中间代谢物为（　　　）

A. 乙酰乙酰 CoA　　B. 乙酰乙酸　　C. HMG-CoA　　D. 乙酰 CoA

28. 可催化生成溶血性磷脂的磷脂酶是（　　　）

A. 磷脂酶 A（A_1、A_2）　　B. 磷脂酶 B（B_1、B_2）　　C. 磷脂酶 C　　D. 磷脂酶 D

29. 关于磷脂代谢的叙述，不正确的是（　　　）

A. 甘油磷脂合成需要 UTP 供能

B. 体内含量最多的磷脂是甘油磷脂

C. 甘油磷脂在各种磷脂酶催化下分解

D. 甘油磷脂代谢障碍与脂肪肝的发生密切相关

（二）配伍选择题（每题从四个备选项中选出一个最佳答案，备选项可重复选用）

[1～3]

A. 乙酰 CoA 羧化酶　　　B. 脂蛋白脂肪酶　　　C. 激素敏感性脂肪酶　　　D. 胰脂肪酶

1. 催化脂肪细胞中甘油三酯水解的酶是（　　　）

2. 催化甘油三酯水解成 2-甘油一酯的酶是（　　　）

3. 催化乙酰 CoA 转变成丙二酸单酰 CoA 的酶是（　　　）

[4～6]

A. 在内质网中进行　　　B. 在胞液中进行　　　C. 两者均在　　　D. 两者均不在

4. 胆固醇的合成（　　　）

5. 脂肪酸的合成（　　　）

6. 卵磷脂的合成（　　　）

[7～9]

A. NADPH＋H$^+$　　B. NAD$^+$　　C. 两者都需要　　D. 两者都不需要

7. 由糖转变为脂肪需要（　　　）

8. 脂肪酸 β-氧化需要（　　　）

9. 胆固醇合成需要（　　　）

二、填空题

1. 脂肪即_____，类脂包括_____、_____、_____和_____。

2. 催化脂肪动员的脂肪酶有_____、_____和_____三种，其中_____是限速酶，又称为_____酶。

3. 在血糖充足时，脑细胞主要摄取_____氧化供能，长期饥饿及糖供应不足时，_____成为脑细胞的主要能源物质。

4. 脂肪酸合成及酮体生成的关键酶（限速酶）依次是：_____和_____。

5. 合成 1 分子胆固醇需要_____分子乙酰 CoA、_____分子 ATP 及_____分子 NADPH＋H$^+$，它们均主要来自_____。

6. 甘油磷脂合成的原料有甘油、_____、_____、_____、_____、_____和_____。此外，还需_____和_____供能。

7. 用电泳分类法可将血浆脂蛋白分为_____、_____、_____和_____四类。

8. 1 分子软脂酰 CoA（十六碳）降解需经_____次 β-氧化，产生_____分子乙酰 CoA、_____分子 NADH 和_____分子 FADH$_2$。

9. 脂肪酸 β-氧化的受氢体为_____、_____；在脂肪酸合成中的供氢体是_____。

10. 胆固醇在体内可以_____为原料合成，而胆固醇又可以转化为_____、_____和_____。此外，胆固醇还可以原形随_____排入肠道，经肠菌转化后由粪便排出。胆固醇合成的限速酶是_____。

三、判断题

1. （　　　）体内各组织细胞内的脂肪，统称为脂库。

2. （　　　）乳糜微粒是由小肠黏膜细胞合成的，是运输内源性甘油三酯和胆固醇的主要形式。

3. （　　　）通过肉毒碱的转运，长链脂肪酰 CoA 才能从胞液进入线粒体进行 β-氧化。

4. （　　　）体内胆固醇的主要来源是食物。

5. （　　　）酮体是肝脏中脂肪酸代谢特有的中间产物。

四、名词解释

1. 必需脂肪酸

2. 血浆脂蛋白

3. 酮体

4. 脂肪动员

5. 脂解激素

6. 抗脂解激素

7. 脂肪酸（脂酰基）的 β-氧化

8. 血脂

9. 载脂蛋白（Apo）

五、问答题

1. 简述四种血浆脂蛋白的来源、化学组成特点及主要生理功用。

2. 试述脂肪酸的活化和 β-氧化过程以及反应的细胞定位。

3. 酮体在什么器官生成？如何生成？有何意义？

4. 试述人体内胆固醇的来源、合成原料、限速酶以及在体内的转变与排泄。

5. 计算 1mol 硬脂酸（18 碳饱和酸）在体内经 β-氧化进而彻底氧化分解时可净生成的 ATP 摩尔数。

第七章　蛋白质分解代谢

【内容精讲】

第一节　蛋白质的营养作用

一、蛋白质的生理功用
① 维持组织细胞的生长、更新和修补。
② 参与体内各种生理活动。
③ 氧化供能是蛋白质次要的生理功用。

二、蛋白质的需要量
1. 氮平衡

氮平衡指每日摄入食物中的含氮量与排泄物中含氮量之间的平衡关系，它反映体内蛋白质合成代谢与分解代谢的总结果。根据机体蛋白质代谢状况不同，氮平衡可有以下三种情况。

（1）氮总平衡　摄入氮＝排出氮，见于成人。

（2）氮正平衡　摄入氮＞排出氮，见于孕妇、儿童和恢复期的病人等。

（3）氮负平衡　摄入氮＜排出氮，见于营养不良及消耗性疾病患者等。

2. 蛋白质的生理需要量

为维持氮总平衡，正常成人最低蛋白质需要量为 $35\sim50g/d$。中国营养学会推荐量为 $70\sim80g/d$。

三、蛋白质的营养价值
1. 必需氨基酸

必需氨基酸指机体需要但不能自身合成，必须由食物供给的氨基酸。人体内的必需氨基酸有缬氨酸、异亮氨酸、亮氨酸、苯丙氨酸、蛋（甲硫）氨酸、色氨酸、苏氨酸、赖氨酸8种。其余的氨基酸称为非必需氨基酸。

2. 蛋白质的营养价值

食物蛋白质所含的必需氨基酸在种类、含量和比例上越接近人体蛋白质则营养价值越高。

3. 蛋白质的互补作用

营养价值较低的蛋白质共同食用，则必需氨基酸可以相互补充从而提高营养价值，称为蛋白质的互补作用。

第二节　蛋白质的消化、吸收与腐败

一、蛋白质的消化
食物蛋白可在胃蛋白酶作用下水解成多肽及少量氨基酸，进而在小肠（主要场所）由各种内肽酶和外肽酶协同作用进一步水解成氨基酸及少量寡肽。

二、蛋白质的吸收

食物蛋白的消化产物——氨基酸和少量寡肽在小肠通过主动转运方式吸收。

三、蛋白质的腐败作用

肠道细菌对未消化的蛋白质及其未吸收的消化产物的分解作用称为蛋白质的腐败作用。蛋白质腐败作用除产生的少量脂肪酸和维生素可被机体利用外，其他多数产物都是有害物质，如胺类、氨基吲哚、硫化氢等。腐败产物大多随粪便排出，少量进入人体可由肝脏解毒，不产生毒性作用。

第三节　氨基酸的一般代谢

一、体内氨基酸的代谢概况

外源性氨基酸和内源性氨基酸混在一起，分布于机体各处，共同参与代谢称为氨基酸代谢池。体内氨基酸的来源和去路如下。

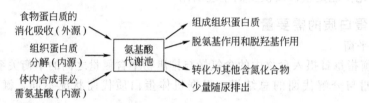

二、氨基酸的脱氨基作用

1. 转氨基作用

（1）转氨基作用的概念　转氨基作用指氨基酸的 α-氨基与另一 α-酮酸的 α-酮基，在转氨酶的作用下相互交换，生成相应的新的氨基酸和 α-酮酸的过程。

$$\alpha\text{-氨基酸1}+\alpha\text{-酮酸2} \xleftrightarrow{\text{转氨酶}} \alpha\text{-酮酸1}+\alpha\text{-氨基酸2}$$

（2）转氨酶　转氨酶为细胞内酶，种类繁多，各具特异性，其中最重要的是丙氨酸转氨酶（ALT）或称谷丙转氨酶（GPT）和天冬氨酸转氨酶（AST）或称谷草转氨酶（GOT）。GPT 和 GOT 分别在肝脏和心肌中活性最高，因而血清 GPT 和 GOT 活性测定常用于临床疾病的辅助诊断及疗效观察等。

（3）转氨基作用的机制　转氨酶以含有维生素 B_6 的磷酸吡哆醛或磷酸吡哆胺为辅酶，在转氨基作用中起传递氨基的作用。

（4）生理意义　转氨基作用反应可逆，它不仅是体内多数氨基酸脱氨的重要反应，也是机体合成非必需氨基酸的重要途径。

2. 氧化脱氨基作用

氧化脱氨基作用是伴有氧化脱氢的脱氨基作用，以 L-谷氨酸的氧化脱氨为主。L-谷氨酸脱氢酶主要存在于肝、肾、脑组织中，肌肉中活性低。其辅酶是 NAD^+ 或 $NADP^+$。ADP/ATP 或 GDP/GTP 比值增高可激活该酶。

3. 联合脱氨基作用

联合脱氨基作用指由两种或两种以上的酶联合催化使氨基酸的 α-氨基脱下并产生游离氨的过程。

（1）转氨作用与氧化脱氨基作用偶联　α-氨基酸与 α-酮戊二酸经转氨基作用生成相应的 α-酮酸和谷氨酸，后者再经氧化脱氨基作用生成 α-酮戊二酸并释放出游离氨。这是体内氨基酸主要的脱氨基方式，也是合成非必需氨基酸的主要方式。

（2）转氨作用与嘌呤核苷酸循环偶联（嘌呤核苷酸循环）　主要发生在肌肉组织中。氨基酸的脱氨基是通过转氨基作用与腺苷酸脱氨基相偶联进行的，故称之为嘌呤核苷酸循环。

三、α-酮酸的代谢

（1）合成非必需氨基酸

（2）转变成糖类、脂类等　某些氨基酸可转变为糖称为生糖氨基酸。某些氨基酸可转变为脂类和酮体称为生酮氨基酸。某些氨基酸既可转变为糖也可转变为脂类和酮体称为生糖兼生酮氨基酸。

（3）氧化供能　α-酮酸在体内可经三羧酸循环彻底氧化，生成 CO_2 和 H_2O 并放出能量。

四、氨的代谢

氨是机体正常的代谢产物，又是一种有毒物质。正常情况下体内氨的来源与去路保持平衡。

1. 氨的来源

① 氨基酸脱氨基作用产生的氨是体内氨的主要来源。

② 由肠道吸收的氨，包括蛋白质经腐败作用产生的氨及尿素分解产生的氨。

③ 谷氨酰胺在肾脏水解生成的氨。

肠道和肾脏氨的吸收与肠道和尿的 pH 有关，pH 越偏碱，氨的吸收越强。

2. 氨的去路

① 合成尿素是氨的主要去路。

② 合成谷氨酰胺。

③ 合成其他含氮化合物。

④ 以铵盐形式随尿排出。

3. 氨的转运

（1）谷氨酰胺的运氨作用　体内多数组织代谢生成的氨以谷氨酰胺形式转运至肝和肾，而后再分解释放出氨。谷氨酰胺既是氨的运输形式，也是氨的储存和解毒形式。

$$L-谷氨酸 + NH_3 + ATP \underset{\substack{\text{谷氨酰}\\\text{胺酶}}}{\overset{\substack{\text{谷氨酰胺}\\\text{合成酶}}}{\rightleftharpoons}} 谷氨酰胺 + ADP + Pi + H_2O$$

（2）丙氨酸-葡萄糖循环　肌肉中的氨以丙氨酸的形式转运至肝，在肝中丙氨酸通过联合脱氨基作用释放出氨转变为丙酮酸，经糖异生转变为葡萄糖供肌肉所需。

4. 尿素的生成

（1）概念　肝细胞中以 NH_3 和 CO_2 为原料合成尿素，以解除氨毒的过程开始需要鸟氨酸参与，最后又重新生成鸟氨酸，故又称鸟氨酸循环，也称尿素循环。

（2）部位　肝细胞的线粒体和胞液。

（3）过程　鸟氨酸、瓜氨酸和精氨酸起着催化作用。每经过一次尿素循环生成一分子尿素，消耗 3 分子 ATP 或 4 分子高能磷酸键。

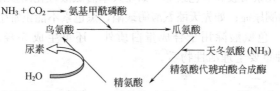

（4）尿素中的两个氮原子的来源　一个直接来源于 NH_3，另一个直接来源于天冬氨酸。

（5）关键酶　精氨酸代琥珀酸合成酶。

5. 氨中毒与肝昏迷

严重肝硬化→肝功能下降→肝合成尿素能力下降→血氨升高→大量氨入脑→α-酮戊二酸

及谷氨酸与氨结合以解氨毒→脑中 α-酮戊二酸下降→脑中 TAC 障碍→脑的能量供应障碍→脑功能障碍→昏迷。

五、氨基酸的脱羧基作用

氨基酸经脱羧基作用生成相应的胺类，催化此反应的酶即氨基酸脱羧酶，其辅酶是含维生素 B_6 的磷酸吡哆醛。产生的胺类少部分具有特殊的生理功用，如 γ-氨基丁酸、组胺、5-羟色胺、牛磺酸、多胺等。

第四节 个别氨基酸的代谢

一、一碳单位代谢

(1) 一碳单位的概念 某些氨基酸在代谢过程中产生的含有一个碳原子的基团称为一碳单位（一碳基团）。体内的一碳单位主要有甲基（—CH_3）、亚甲基（—CH_2—）、次甲基（—CH＝）、亚氨甲基（—CH＝NH）和甲酰基（—CHO）等。

(2) 一碳单位的载体 四氢叶酸（FH_4），其分子中的 ^5N、^{10}N 可与一碳单位结合。

(3) 一碳单位的来源与相互转变 一碳单位可由甘氨酸、丝氨酸、组氨酸、色氨酸代谢产生，而且可以相互转变。

(4) 一碳单位的生理功用

① 一碳单位参与嘌呤和嘧啶核苷酸等的合成。由于核苷酸是合成核酸的原料，所以一碳单位代谢与细胞的增殖、组织生长和机体发育等有密切的关系。叶酸或维生素 B_{12} 缺乏会引起巨幼红细胞性贫血。

② 体内许多重要生理活性物质的合成需要 SAM 提供甲基进行甲基化反应，而 SAM 的甲基来自 ^5N-甲基四氢叶酸。

二、含硫氨基酸代谢

(1) 蛋氨酸代谢 蛋氨酸与 ATP 作用生成 S-腺苷蛋氨酸（SAM），SAM 为活性甲基直接供体，为多种物质如肌酸的甲基化反应提供甲基。SAM 提供甲基后经若干反应再重新生成蛋氨酸。其中为蛋氨酸提供甲基的是 ^5N-甲基四氢叶酸，因此称之为甲基的间接供体。这一 SAM 供甲基反应和其再生的循环过程称为蛋氨酸循环。

(2) 半胱氨酸代谢 半胱氨酸分解可生成硫酸，其中一部分以无机盐形式随尿排出，另一部分活化成活性硫酸根——3′-磷酸腺苷-5′磷酸硫酸（PAPS）参与多种物质的转硫酸基作用。此外，半胱氨酸可为机体提供牛磺酸、谷胱甘肽以及形成二硫键。

三、芳香族氨基酸代谢

(1) 苯丙氨酸与酪氨酸的代谢 苯丙氨酸经苯丙氨酸羟化酶作用生成酪氨酸，酪氨酸可进一步代谢生成甲状腺素、儿茶酚胺和黑色素等。如先天苯丙氨酸羟化酶缺陷，苯丙氨酸不能正常转化为酪氨酸则出现苯丙酮尿症；如先天酪氨酸酶缺陷，黑色素不能正常生成可致白化病。

(2) 色氨酸代谢 色氨酸除用于合成蛋白质外，还可生成 5-羟色胺、褪黑素、一碳单位和维生素 PP 等多种重要生理活性物质。

【习题练习】

一、选择题

(一) 最佳选择题（从四个备选答案中选出一个正确答案）

1. 下列均属于人类必需氨基酸的一组氨基酸是（ ）

A. 赖氨酸、苯丙氨酸、色氨酸、酪氨酸　　　B. 蛋氨酸、苯丙氨酸、缬氨酸、酪氨酸

C. 缬氨酸、赖氨酸、组氨酸、色氨酸　　　　D. 亮氨酸、异亮氨酸、苏氨酸、赖氨酸

2. 关于蛋白质营养价值的描述正确的是（　　　）

A. 氨基酸含量越多，种类越齐全，营养价值越高

B. 非必需氨基酸的含量越多，种类越齐全，营养价值越高

C. 必需氨基酸的种类、含量、比例与人体蛋白质越接近，营养价值越高

D. 与蛋白质的组成无关，只取决于蛋白质消化和吸收的程度

3. 关于蛋白质消化的描述不正确的是（　　　）

A. 蛋白质消化的本质是蛋白质的水解

B. 主要在小肠中进行

C. 参与蛋白质消化的各种消化酶直接以有活性的酶的形式分泌至消化道

D. 消化的产物主要是氨基酸，还有一些小肽

4. 关于腐败作用的描述不正确的是（　　　）

A. 腐败作用能产生有毒物质　　　　　　　B. 腐败作用能形成假神经递质的前体

C. 腐败作用形成的产物不能被机体利用　　D. 肝功能低下时，腐败产物易引起中毒

5. 体内催化氧化脱氨基作用的主要酶是（　　　）

A. L-谷氨酸脱氢酶　　B. L-氨基酸氧化酶

C. D-氨基酸氧化酶　　D. 丝氨酸脱水酶

6. 经 GOT 作用可生成草酰乙酸的氨基酸是（　　　）

A. Asp（天冬氨酸）　　B. Glu（谷氨酸）

C. Gln（谷氨酰胺）　　D. Asn（天冬酰胺）

7. AST（GOT）活性最高的组织是（　　　）

A. 心肌　　B. 脑　　C. 肝　　D. 骨骼肌

8. 在急性肝炎患者中，活性升高最突出的血清酶是（　　　）

A. AST（GOT）　　B. ALT（GPT）　　C. ALP　　D. γ-GT

9. 下列组织中并不是以转氨基偶联氧化脱氨基方式为主要脱氨基方式的是（　　　）

A. 肝　　B. 心肌　　C. 肾　　D. 脑

10. 体内氨的主要来源是（　　　）

A. 肾脏的谷氨酰胺脱氨作用　　B. 肠道细菌腐败作用所产生的氨被吸收

C. 尿素的肠肝循环　　　　　　D. 氨基酸脱氨基作用

11. 关于谷氨酰胺合成的生理意义的描述错误的是（　　　）

A. 参与合成尿素　　B. 转运氨的主要方式

C. 氨的储存形式之一　　D. 氨的解毒形式之一

12. 氨的主要去路是（　　　）

A. 合成尿素　　　　　　B. 生成谷氨酰胺

C. 合成非必需氨基酸　　D. 以游离形式直接由尿排出

13. 肾脏中产生的氨主要来自（　　　）

A. 尿素的水解　　　　　B. 谷氨酰胺的分解

C. 胺类物质的氧化分解　　D. 丙氨酸-葡萄糖循环

14. 氨中毒的最主要原因是（　　　）

A. 肠道氨吸收过多　　　　B. 氨基酸分解增强

C. 肾功能衰竭排出障碍　　D. 肝功能损伤，影响尿素合成

15. 直接参与鸟氨酸循环的基本氨基酸有（　　　）

A. 鸟氨酸，赖氨酸　　　　B. 天冬氨酸，精氨酸
C. 天冬氨酸，鸟氨酸　　　D. 精氨酸，赖氨酸

16. 合成 1 分子尿素需要消耗（　　）

A. 1 分子高能磷酸键　　　B. 2 分子高能磷酸键
C. 3 分子高能磷酸键　　　D. 4 分子高能磷酸键

17. 鸟氨酸循环的限速酶是（　　）

A. 氨基甲酰磷酸合成酶Ⅰ　　B. 鸟氨酸氨基甲酰转移酶
C. 精氨酸代琥珀酸合成酶　　D. 精氨酸代琥珀酸裂解酶

18. 下列氨基酸中，在代谢中不能生成一碳单位的是（　　）

A. 甘氨酸　　B. 丝氨酸　　C. 精氨酸　　D. 组氨酸

19. 下列因素中，与巨幼红细胞性贫血发生无关的是（　　）

A. 一碳单位　　B. 叶酸　　C. 维生素 B_6　　D. 维生素 B_{12}

20. 甲状腺素、儿茶酚胺及黑色素在体内合成的氨基酸原料是（　　）

A. 色氨酸　　B. 谷氨酸　　C. 天冬氨酸　　D. 酪氨酸

21. 肌酸合成的原料是（　　）

A. 甘氨酸、色氨酸和丝氨酸　　B. 精氨酸、蛋氨酸和丝氨酸
C. 精氨酸、蛋氨酸和甘氨酸　　D. 丝氨酸、鸟氨酸和甘氨酸

22. 白化病的根本原因是由于先天性缺乏（　　）

A. 苯丙氨酸羟化酶　　B. 酪氨酸酶　　C. 精氨酸酶　　D. 尿黑酸氧化酶

23. 苯丙酮尿症的根本原因是由于先天性缺乏（　　）

A. 苯丙氨酸羟化酶　　B. 酪氨酸酶　　C. 精氨酸酶　　D. 尿黑酸氧化酶

（二）配伍选择题（每题从四个备选项中选出一个最佳答案，备选项可重复选用）

[1~4]

A. 氮总平衡　　B. 氮正平衡　　C. 氮负平衡　　D. 氮平衡实验

1. 反映机体蛋白质代谢概况的是（　　）

2. 正常成人应处于（　　）

3. 儿童、孕妇应处于（　　）

4. 饥饿和肿瘤病患者应处于（　　）

[5~8]

A. 鸟氨酸循环　　B. 嘌呤核苷酸循环
C. 蛋氨酸循环　　D. 丙氨酸-葡萄糖循环

5. 尿素的合成过程是（　　）

6. 生成活性甲基的过程是（　　）

7. 肌细胞中的脱氨基方式（　　）

8. 肌肉中产生的氨的转运方式是（　　）

二、填空题

1. 氮平衡试验比较的是_____和_____两者量之间的对比关系。氮平衡有三种情况，分别是_____、_____和_____。依据氮平衡试验，营养学会推荐成人每日蛋白质的摄入量为_____克。

2. 体内氨基酸脱氨基作用有_____、_____和_____三种方式，其中主要的脱氨基方式是_____。

3. 联合脱氨基方式包括_____和_____两种，其中主要的方式是_____。

4. 催化转氨基偶联氧化脱氨基作用的酶是_____和_____，此两类酶所需的辅酶

分别是_____和_____或_____，相应来源的维生素分别是_____和_____。

5. 体内氨转运的方式有_____和_____。

6. 尿素分子的两个 N 原子一个直接来自_____，另一个直接来自_____。

7. γ-氨基丁酸是_____脱羧基的产物，组胺是_____脱羧基的产物，5-羟色胺是_____脱羧基的产物，牛磺酸是_____脱羧基的产物。

8. 体内常见的一碳单位有_____、_____、_____、_____和_____等，携带它们的载体是_____，其来源的维生素是_____。

9. 活性蛋氨酸是_____，它是体内_____的直接供体。体内甲基的间接供体是_____。

10. 活性硫酸根是_____。

三、判断题

1. （　　）营养非必需氨基酸是人体可有可无的氨基酸。
2. （　　）赖氨酸的缺乏可以通过在食物中添加相应的 α-酮酸加以纠正。
3. （　　）转氨基作用是合成非必需氨基酸的主要途径。
4. （　　）氨基酸经过代谢只能转变为糖和脂类其中一种。
5. （　　）对高血氨患者采用服用或输入谷氨酸盐，目的在于降低氨的浓度。
6. （　　）对于高血氨的患者注意避免肠道和尿液 pH 偏碱性。
7. （　　）尿素合成是机体解除氨毒的唯一途径。
8. （　　）在生成尿素的鸟氨酸循环中，鸟氨酸、瓜氨酸和精氨酸只起催化剂作用。
9. （　　）参与尿素循环的酶都位于线粒体内。
10. （　　）氨基酸代谢过程中产生的含一个碳原子的物质都称一碳单位。
11. （　　）氨基酸的氨基经脱氨基作用后都是以游离氨的形式释放。

四、名词解释

1. 必需氨基酸
2. 蛋白质的互补作用
3. 蛋白质的腐败作用
4. 氨基酸代谢池
5. 生糖氨基酸
6. 生酮氨基酸
7. 生糖兼生酮氨基酸
8. 鸟氨酸循环
9. 一碳单位

五、问答题

1. 简述体内氨基酸的代谢概况。
2. 简述 α-酮酸的主要代谢去路。
3. 简述体内氨的主要来源和去路。
4. 试述氨中毒导致肝昏迷的生化机制。
5. 简述尿素循环的主要过程、发生的部位及其生理意义。
6. 试述一碳单位的概念、来源及生理意义。

第八章　核苷酸代谢

【内容精讲】

食物中的核酸经消化吸收后，戊糖参与体内的戊糖代谢，各种嘌呤和嘧啶碱基则大部分被分解而排出体外，很少被机体利用。

第一节　核苷酸的合成代谢

体内嘌呤核苷酸的合成有两条途径：从头合成途径和补救合成途径。

（1）从头合成途径　以氨基酸、一碳单位、CO_2 和磷酸核糖等简单物质为原料，经过一系列酶促反应，合成嘌呤（或嘧啶）核苷酸的过程。

（2）补救合成途径　用体内现成的嘌呤（或嘧啶）作为原料，经过比较简单的反应，合成核苷酸的过程。

一、嘌呤核苷酸的合成

1. 嘌呤核苷酸的从头合成

（1）合成嘌呤环的原料　甘氨酸、天冬氨酸、谷氨酰胺及一碳单位、二氧化碳。

（2）特点　在磷酸核糖基础上由小分子物质或基团转递逐渐合成嘌呤环部分。

（3）合成途径　先合成次黄嘌呤核苷酸（IMP），然后再转变为腺苷酸（AMP）和鸟苷酸（GMP）。AMP 和 GMP 在激酶催化下与 ATP 反应生成相应的二磷酸核苷和三磷酸核苷。

2. 嘌呤核苷酸的补救合成途径

（1）利用嘌呤碱的补救合成

$$腺嘌呤 + PRPP \xrightarrow{\text{腺嘌呤磷酸核糖转移酶（APRT）}} AMP + PPi$$

$$次黄嘌呤 + PRPP \xrightarrow{\text{次黄嘌呤-鸟嘌呤磷酸核糖转移酶（HGPRT）}} IMP + PPi$$

（2）利用嘌呤核苷的补救合成　人体内嘌呤核苷的重新利用通过腺苷激酶催化、消耗 ATP 的磷酸化实现：

$$腺嘌呤核苷 + ATP \xrightarrow{\text{腺苷激酶}} AMP + ADP$$

（3）嘌呤核苷酸的补救合成途径的生理意义

① 节省从头合成时能量和一些氨基酸的消耗。

② 补救合成途径是体内某些器官，如脑和骨髓（缺乏有关从头合成的酶，不能进行从头合成）合成嘌呤核苷酸的唯一途径。由于基因缺陷而导致 HGPRT 完全缺失的患儿表现为自毁容貌症。

二、嘧啶核苷酸的合成

1. 嘧啶核苷酸的从头合成

（1）合成嘧啶环的原料　天冬氨酸、CO_2、谷氨酰胺。

（2）合成特点　先合成嘧啶环，再与磷酸戊糖结合生成嘧啶核苷酸，即嘧啶环不是在磷酸核糖基础上合成的。

（3）合成途径　先合成尿嘧啶核苷酸（UMP），再转变成胞嘧啶核苷酸（CMP）。

2. 嘧啶核苷酸的补救合成途径

嘧啶磷酸核糖转移酶是嘧啶核苷酸补救合成的主要酶，利用尿嘧啶、胸腺嘧啶及乳清酸为底物，但对胞嘧啶不起作用。

$$嘧啶＋PRPP \xrightarrow{\text{嘧啶磷酸核糖转移酶}} 磷酸嘧啶核苷＋PPi$$

三、脱氧核糖核苷酸的合成

（1）多数脱氧核糖核苷酸的生成　由相应二磷酸核苷（NDP）还原生成。还原反应由核糖核苷酸还原酶催化，NADPH 为辅酶。

（2）胸腺嘧啶核苷酸的生成　先生成 dUMP，再甲基化生成。

（3）三磷酸脱氧核苷的生成　激酶催化，消耗 ATP。

四、核苷酸的抗代谢物及临床应用

某些药物是嘌呤、嘧啶、叶酸及某些氨基酸的类似物，可作为核苷酸的抗代谢物，通过竞争性抑制或"以假乱真"等方式干扰或阻断核苷酸的正常合成代谢，从而抑制核酸、蛋白质的合成，达到控制细胞增殖的目的。临床上常把它们作为抗肿瘤药和免疫抑制剂。

（1）嘧啶类似物　5-氟尿嘧啶（5-FU）。

（2）嘌呤类似物　6-巯基嘌呤（6-MP）。

（3）叶酸类似物　氨蝶呤钠和甲氨蝶呤（MTX）。

（4）谷氨酰胺类似物　氮杂丝氨酸等。

第二节　核苷酸的分解代谢

一、嘌呤核苷酸的分解代谢

（1）产物　腺嘌呤与鸟嘌呤在人体内分解的最终产物为尿酸，尿酸随尿排出体外。

（2）特点　嘌呤环未被打破，仅取代基发生氧化。

（3）临床意义

① 血中尿酸浓度过高则以钠盐形式沉淀于关节等处，导致痛风。

② 尿酸浓度过高还会在尿道沉淀形成尿道结石。

③ 别嘌呤醇可竞争性抑制尿酸的生成，用于痛风症的治疗。

二、嘧啶核苷酸的分解代谢

（1）特点　嘧啶环被打破。

（2）产物

胞嘧啶→尿嘧啶→二氢尿嘧啶→β-脲基丙酸→β-丙氨酸＋NH_3＋CO_2

胸腺嘧啶→二氢胸腺嘧啶→β-脲基异丁酸→β-氨基异丁酸＋NH_3＋CO_2

【习题练习】

一、选择题

（一）最佳选择题（从四个备选答案中选出一个正确答案）

1. 嘌呤核苷酸从头合成的原料不包括（　　）

A. 天冬氨酸　　B. 谷氨酸　　C. 谷氨酰胺　　D. 一碳单位

2. 嘌呤核苷酸从头合成的过程中首先合成的是（　　）

A. CMP　　B. AMP　　C. IMP　　D. XMP

3. 关于嘌呤核苷酸的从头合成描述正确的是（　　）

A. 首先合成嘌呤碱而后 5-磷酸核糖化

B. 在 PRPP 的基础上利用各种原料合成嘌呤环

C. 嘌呤环的氮原子均来自氨基酸的 α-氨基

D. 以上都不对

4. 核苷酸从头合成途径中合成嘧啶环的原料不包括（　　）

A. 天冬氨酸　　　B. CO_2　　　C. 谷氨酰胺　　　D. 一碳单位

5. 体内 dTMP 合成的直接前体是（　　）

A. TMP　　　B. UMP　　　C. dUMP　　　D. UDP

6. 有关嘧啶核苷酸从头合成的描述正确的是（　　）

A. 首先合成 PRPP

B. 在 PRPP 的基础上逐渐合成嘧啶环部分

C. 首先合成嘧啶环，再与 PRPP 结合生成嘧啶核苷酸

D. 最先合成的嘧啶核苷酸是 CMP

7. 有关核苷酸合成代谢的说法正确的是（　　）

A. 体内核苷酸合成所需要的碱基主要来源于食物中核酸的消化吸收

B. 体内所有组织均可进行嘌呤核苷酸的从头合成

C. 脑和骨髓既可进行嘌呤核苷酸的从头合成，也可进行补救合成

D. 自毁容貌症产生的原因是基因缺陷而导致的 HGPRT 活性完全缺失

8. 嘧啶核苷酸从头合成途径中需要一碳单位参与的是（　　）

A. UMP　　　B. CMP　　　C. dTMP　　　D. dCMP

9. 嘌呤核苷酸分解代谢的终产物是（　　）

A. 尿素　　　B. $CO_2+H_2O+NH_3$　　　C. 尿酸　　　D. 肌酸

10. 临床上常用来治疗痛风症的药物是（　　）

A. 5-氟尿嘧啶　　　B. 氨蝶呤钠　　　C. 甲氨蝶呤　　　D. 别嘌呤醇

11. 体内能分解出 β-氨基异丁酸的核苷酸是（　　）

A. CMP　　　B. UMP　　　C. IMP　　　D. TMP

12. 体内能分解出 β-丙氨酸的核苷酸是（　　）

A. AMP　　　B. UMP　　　C. GMP　　　D. TMP

13. 脱氧核糖核苷酸生成方式主要是（　　）

A. 直接由核糖还原　　　B. 由核苷还原

C. 由核苷酸还原　　　D. 由二磷酸核苷酸还原

（二）配伍选择题（每题从四个备选项中选出一个最佳答案，备选项可重复选用）

[1～2]

A. 氨蝶呤钠　　　B. 甲氨蝶呤　　　C. 二者都是　　　D. 二者都不是

1. 作为抗肿瘤药的嘌呤类似物是（　　）

2. 作为抗肿瘤药的叶酸类似物是（　　）

[3～5]

A. 甘氨酸　　　B. 一碳单位　　　C. 二者都是　　　D. 二者都不是

3. IMP 合成需要的原料是（　　）

4. MP 合成需要的原料是（　　）

5. dTMP 合成需要的原料是（　　）

二、填空题

1. 嘌呤核苷酸、嘧啶核苷酸从头合成途径中，共同需要的氨基酸为 _____

和_____。

2. β-氨基异丁酸是_____核苷酸的分解代谢产物。

3. 在嘌呤核苷酸合成过程中，机体先合成_____，然后再转变成 GMP 和 AMP。

4. 在嘧啶核苷酸合成过程中，机体是先合成_____，然后再转变成其他嘧啶核苷酸。

5. 体内合成嘌呤核苷酸中嘌呤环的原料是_____、_____、_____、_____及_____。

6. 合成 dTMP 的直接前体是_____。

7. 多数脱氧核苷酸是由相应的_____磷酸核苷还原而成的。

8. 嘌呤核苷酸的代谢终产物是_____。

9. 自毁容貌症是由_____酶活性完全缺失引起的。

10. 常用来作为抗肿瘤药的嘧啶类似物是_____。

三、判断题

1. （　　）胸腺嘧啶的分解产物中有 β-氨基异丁酸。

2. （　　）CO_2 既是嘌呤核苷酸从头合成的原料，也是嘧啶核苷酸从头合成的原料。

3. （　　）天冬氨酸及一碳单位既是嘌呤核苷酸从头合成的原料，也是嘧啶核苷酸从头合成的原料。

4. （　　）嘌呤核苷酸和嘧啶核苷酸的从头合成都是先合成嘌呤环或嘧啶环再与磷酸核糖结合生成核苷酸的。

5. （　　）嘌呤核苷酸和嘧啶核苷酸的分解代谢中，嘌呤环和嘧啶环最终均未被打破。

6. （　　）脱氧核糖核苷酸的合成是先由核糖还原为脱氧核糖后再与碱基和磷酸结合而形成脱氧核糖核苷酸的。

7. （　　）核苷酸的补救合成途径是机体利用现存的碱基或核苷合成核苷酸的方式。

8. （　　）多数脱氧核糖核苷酸由相应的核糖核苷酸在三磷酸水平上还原生成。

9. （　　）根据竞争性抑制原理氮杂丝氨酸常作为氨基酸类似物用于抗肿瘤治疗。

10. （　　）一碳单位是嘧啶环从头合成的原料。

四、名词解释

1. 从头合成途径

2. 补救合成途径

五、问答题

1. 试从合成原料和特点以及分解代谢产物和特点比较嘌呤核苷酸和嘧啶核苷酸的代谢情况。

2. 简述核苷酸补救合成途径的生理意义。

第九章　物质代谢的联系与调节

【内容精讲】

第一节　概　述

一、体内物质代谢的特点

物质代谢是生命的本质特征，体内各种物质代谢是相互联系、相互制约的，其特点是：①整体性；②各种代谢物均具有各自共同的代谢池；③各组织、器官物质代谢各具特色；④各代谢途径受多重调节作用；⑤ATP 是机体利用能量的共同形式；⑥NADPH 是合成代谢所需的还原当量。

二、代谢调节的三级水平

物质代谢的强度、方向和速度受到多种因素的调节。代谢调节可分为三级水平：细胞水平、激素水平和整体水平的调节。

第二节　物质代谢的相互联系

体内糖、脂、蛋白质等的代谢联系紧密，大多数情况下又可以相互转变。

① 糖、脂肪及蛋白质的分解代谢，均可生成乙酰 CoA。乙酰 CoA 通过三羧酸循环和氧化磷酸化彻底氧化成 CO_2 和水，并生成能量。

② 三羧酸循环是糖、脂类、蛋白质代谢的枢纽。

③ 在能量供应方面，糖、脂、蛋白质可以互相替代，互相制约，但以糖类和脂类为主。

第三节　细胞水平的代谢调节

细胞水平的代谢调节是最基本的调节方式，主要通过改变关键酶的结构或含量影响酶的活性而调节代谢。

一、多酶体系和限速酶

（1）多酶体系　多酶体系是由几种不同功能的酶及其辅助因子彼此聚合形成的多酶复合物，它们在催化同一代谢反应的过程中相互配合。

（2）限速酶　决定某一代谢途径的速度和方向的某一个或少数几个具调节作用的酶称为限速酶，是代谢途径的关键酶。一些代谢途径的关键酶见表 9-1。

二、酶结构的调节

1. 变构调节

（1）变构调节的概念　小分子化合物与酶蛋白分子活性中心以外的某一部位特异结合，引起酶蛋白分子构象变化，从而改变酶的活性，这种调节称为变构调节（别构调节）。

（2）变构调节的机制

表 9-1　一些代谢途径的关键酶

代 谢 途 径	关 键 酶
糖酵解	磷酸果糖激酶-1、丙酮酸激酶、己糖激酶(或葡萄糖激酶)
糖异生	丙酮酸羧化酶、磷酸烯醇式丙酮酸羧激酶、果糖1,6-二磷酸酶、葡萄糖-6-磷酸酶
三羧酸循环	柠檬酸合成酶、异柠檬酸脱氢酶、α-酮戊二酸脱氢酶复合体
磷酸戊糖途径	6-磷酸葡萄糖脱氢酶
糖原合成	糖原合酶
糖原分解	磷酸化酶
脂肪动员	甘油三酯脂肪酶
脂肪酸 β-氧化	肉毒碱-脂酰转移酶 I
酮体生成	HMGCoA 合成酶
脂肪酸合成	乙酰 CoA 羧化酶
胆固醇合成	HMGCoA 还原酶
尿素合成	精氨酸代琥珀酸合成酶

①结构：催化亚基，调节亚基。

②变构效应剂：终产物或其他小分子代谢物。

③酶构象改变：亚基聚合，亚基解聚等。

（3）生理意义　代谢物生成不致过多；能量得以有效利用；不同代谢途径相互协调。

2. 酶的化学修饰调节

（1）化学修饰调节的概念　酶蛋白肽链上某些残基在酶的催化下发生可逆的共价修饰，从而引起酶活性改变，这种调节称为酶的化学修饰调节。酶的化学修饰主要有磷酸化与脱磷酸，乙酰化与脱乙酰，甲基化与脱甲基，腺苷化与脱腺苷，SH 与—S—S—互变等。

（2）酶的化学修饰的特点　①绝大多数属于这类调节方式的酶都具有无活性（低活性）和有活性（高活性）两种形式；②由酶催化引起共价键变化，因是酶促反应，故作用迅速并有放大效应；③磷酸化与脱磷酸为最常见，耗能少，作用快，故经济而有效。

3. 双重调节

对于某一种酶而言，可同时受以上两种方式调节。

三、酶含量的调节

（1）酶蛋白合成的诱导与阻遏　酶蛋白合成可受到底物对酶合成的诱导与阻遏，产物对酶合成的阻遏，激素对酶合成的诱导，药物对酶合成的诱导等影响。

（2）酶蛋白的降解　包括溶酶体中蛋白水解酶的作用，以及蛋白酶体中待降解蛋白质与泛素结合后被降解。

四、酶在亚细胞结构中的隔离分布

一般催化同一代谢途径的酶往往集中分布在同一亚细胞区域，使各条代谢途径在细胞内也呈现区域化分布，这样各条代谢途径既相互联系、相互协调，又互不干扰，从而保证机体代谢能够有条不紊地顺利进行。真核细胞内主要代谢酶系的区域化分布见表9-2。

表 9-2　真核细胞内主要代谢酶系的区域化分布

酶　　系	亚细胞区域	酶　　系	亚细胞区域
糖酵解	胞液	呼吸链	线粒体
磷酸戊糖途径	胞液	氧化磷酸化	线粒体
糖原分解、合成	胞液	DNA 合成	胞核
脂肪酸合成	胞液	RNA 合成	胞核
糖异生	胞液、线粒体	蛋白质合成	胞液、内质网
三羧酸循环	线粒体	胆固醇合成	胞液、内质网
脂肪酸 β-氧化	线粒体	尿素生成	胞液、线粒体

第四节　激素水平的代谢调节

激素的代谢调节通过其与靶细胞受体特异结合，将激素信号转化为细胞内一系列化学反应，最终表现出激素的生物学效应。

一、激素分类

（1）细胞膜受体激素（属亲水性激素）　包括胰岛素、生长激素、促性腺激素、促甲状腺素，甲状旁腺素等蛋白质类激素，生长因子等肽类激素和肾上腺素等儿茶酚胺类激素。

（2）细胞内受体激素　包括类固醇激素，前列腺素、甲状腺素，$1,25\text{-}(OH)_2$-维生素 D_3 及视黄酸等疏水性激素。

二、膜受体激素的信号转导途径

激素→靶细胞膜上特异受体→G 蛋白→腺苷酸环化酶→cAMP→蛋白激酶 A→蛋白质磷酸化→调节物质代谢和基因表达。

三、胞内受体激素的信号转导途径

激素与胞内受体结合后可与 DNA 的特定部位结合，调节特异基因转录。

第五节　整体水平的代谢调节

一、饥饿情况下的代谢调节

1. 短期饥饿

不进食 1～3d 后，肝糖原显著减少。血糖趋于降低，引起胰岛素分泌减少和胰高血糖素分泌增加，进而引起肌肉蛋白质分解加强，糖异生作用增强，脂肪动员加强、酮体生成增多，组织对葡萄糖的利用降低。

2. 长期饥饿

禁食一周后，脂肪动员进一步加强，肝生成大量酮体，脑利用酮体超过葡萄糖；肌肉转而以脂酸为主要能源；肌肉蛋白质分解减少，负氮平衡有所改善；乳酸和丙酮酸成为肝糖异生的主要原料。

二、应激情况下的代谢调节

应激状态时，交感神经兴奋，肾上腺髓质及皮质激素分泌增多，胰高血糖素及生长激素水平增加，而胰岛素分泌减少，进而引起糖、脂、蛋白质的分解代谢增强、合成代谢减少；血液中分解代谢产物葡萄糖、氨基酸、游离脂酸、甘油、乳酸、酮体、尿素等含量增加。

【习题练习】

一、选择题

（一）最佳选择题（从四个备选答案中选出一个正确答案）

1. 下列关于物质代谢特点叙述错误的是（　　　）

A. 物质进行中间代谢时参加到共同的代谢池中　　B. 物质代谢具有整体性

C. 机体合成代谢占优势　　　　　　　　　　　　D. 机体存在精细的调节机制

2. 糖、脂肪和氨基酸的最终共同代谢通路是（　　　）

A. 酵解途径　　B. 三羧酸循环　　C. 鸟氨酸循环　　D. β-氧化

3. 糖、脂和蛋白质分解代谢均可生成（　　　）

A. 乙酰 CoA   B. 丙酮酸   C. 酮体   D. 甘油

4. 关于糖、脂和蛋白质代谢的叙述哪一项是错误的（   ）

A. 脂肪酸代谢旺盛抑制糖的分解代谢   B. 体内蛋白质常有多余储存

C. 体内供能物质以糖类及脂类为主   D. 大量脂肪代谢时，必须有适量糖代谢配合

5. 关于糖、脂和蛋白质之间互变错误的是（   ）

A. 糖可以转变为非必需氨基酸   B. 蛋白质可转变为脂肪

C. 糖可以转变为脂肪   D. 偶数碳原子脂肪酸可以转变为糖

6. 代谢途径不是在胞液的是（   ）

A. 糖酵解   B. 脂酸合成   C. 糖原合成   D. 呼吸链

7. 不属于糖酵解的限速酶的是（   ）

A. 丙酮酸激酶   B. 己糖激酶   C. 异柠檬酸脱氢酶   D. 6-磷酸果糖激酶-1

8. 下列不属于代谢调节三级水平的是（   ）

A. 器官水平   B. 细胞水平   C. 激素水平   D. 整体水平

9. 变构剂与酶相互作用，使（   ）

A. 酶蛋白与辅助因子结合   B. 酶蛋白分子构象改变

C. 酶蛋白水解   D. 酶分子间聚合成大分子

10. 关于变构调节下列说法错误的是（   ）

A. 变构酶通常只有三级结构   B. 有催化亚基

C. 有调节亚基   D. 变构效应剂为小分子化合物

11. 酶化学修饰最常见的方式是（   ）

A. 腺苷化   B. 甲基化与去甲基化   C. 磷酸化或去磷酸化   D. 乙酰化

12. 关于酶含量的调节哪一项是错误的（   ）

A. 酶含量调节属细胞水平的调节   B. 酶含量调节属快速调节

C. 底物常可诱导酶的合成   D. 产物常可阻遏酶的合成

13. 体内酶分布的特点是（   ）

A. 分布于胞质   B. 分布于线粒体   C. 分布呈区域化   D. 分布于胞核

14. 有关酶的化学修饰正确的叙述是（   ）

A. 是一种酶促反应   B. 化学修饰可增加酶的活性

C. 只有磷酸化的修饰形式   D. 只有磷酸化与腺苷化两种修饰形式

15. 下列关于关键酶的叙述错误的是（   ）

A. 关键酶为连续反应中 K_m 值最大的酶

B. 关键酶在代谢途径中活性最高，所以才对整个代谢途径流量起决定作用

C. 受激素调节的酶常是关键酶

D. 关键酶常催化单向反应或非平衡反应

16. 下列有关变构酶的描述正确的是（   ）

A. 变构剂与变构酶的调节部位结合，改变酶的活性

B. 变构剂与变构酶的活性中心结合，改变酶的活性

C. 变构剂对酶的作用表现出一种竞争性抑制作用

D. 变构剂与变构酶的催化部位结合，改变酶的活性

17. 属于快速调节的是（   ）

A. 酶蛋白的诱导   B. 酶蛋白的阻遏   C. 酶蛋白的降解   D. 化学修饰调节

18. 关于短期饥饿下列说法错误的是（   ）

A. 肌蛋白分解加强   B. 糖异生作用增强

C. 脂肪动员加强　　　　D. 组织对葡萄糖利用加强

19. 长期饥饿时脑组织主要利用（　　　）

A. 酮体　　　B. 葡萄糖　　　C. 脂酸　　　D. 蛋白质

20. 关于应激情况下列说法错误的是（　　　）

A. 产生"紧张状态"　　　B. 分解代谢增强　　　C. 合成代谢增强　　　D. 合成代谢减少

（二）配伍选择题（每题从四个备选项中选出一个最佳答案，备选项可重复选用）

[1~3]

A. 线粒体　　　B. 胞液　　　C. 细胞核　　　D. 区域化

1. 氧化磷酸化（　　　）

2. 酶在细胞内分布（　　　）

3. 糖原分解（　　　）

[4~5]

A. 糖原合酶　　　B. 丙酮酸激酶　　　C. 葡萄糖-6-磷酸酶　　　D. 磷酸化酶

4. 参与糖异生的酶（　　　）

5. 参与糖原合成的酶（　　　）

二、填空题

1. 生物体内的代谢调节在三种不同的水平上进行，即_____、_____和_____。

2. 酶对细胞代谢的调节是最基本的代谢调节，主要有两种方式：_____和_____。

3. 对酶活性的调节包括_____和_____调节两类。

4. 化学修饰中最常见而又最重要者是_____。

5. 变构酶中与底物结合的亚基称为_____；与变构效应剂结合的亚基称为_____。

6. 代谢途径的终产物浓度可以控制自身形成的速度，这种调节被称为_____。

7. 催化酶蛋白质磷酸化的酶称为_____，催化磷酸化酶蛋白水解脱去磷酸基团的酶称为_____。

8. 酶含量的调节主要通过改变酶_____或_____以调节细胞内酶的含量，从而调节代谢的速度和强度。

9. 激素受体一般可分成_____和_____两大类。

10. 应激情况下分解代谢_____，合成代谢_____。

三、判断题

1. （　　　）蛋白质的磷酸化和去磷酸化是可逆反应，该可逆反应是由同一种酶催化完成的。

2. （　　　）细胞水平的代谢调节是物质代谢调节的最基本方式。

3. （　　　）机体内阻遏酶合成的物质通常是一些药物。

4. （　　　）变构调节是生物体内快速调节酶活性的重要方式。

5. （　　　）凡使酶分子发生变构作用的物质均使酶活性增强。

6. （　　　）酶的化学修饰有共价键变化。

7. （　　　）激素作用的受体均存在于细胞膜上。

四、名词解释

1. 限速酶

2. 变构调节

3. 化学修饰调节

五、问答题

1. 简述糖、脂和蛋白质代谢的相互联系。

2. 物质代谢调节分为哪几个水平，其中最基础是哪个水平？
3. 酶活性调节包括哪两类？分别解释这两类调节。
4. 列举出三种化学修饰调节的方式，并指出最常见的方式。
5. 简述短期饥饿和长期饥饿时机体发生的一系列代谢变化。

第十章 肝胆生化

【内容精讲】

肝的组织结构及化学组成特点如下。

① 双重血液供应：肝动脉供氧，门静脉供营养物质。

② 丰富的血窦，利于物质交换。

③ 两条输出通道：肝静脉连体循环，利于营养物质和肝内代谢产物运送到肝外组织；胆道通肠道，利于非营养物质代谢转变及排泄。

④ 分区明显，含数百种酶。

第一节 肝在物质代谢中的作用

一、肝在糖代谢中的作用

肝主要通过糖原合成、糖原分解、糖异生 3 条途径维持血糖浓度的恒定。

① 饱食　肝糖原合成↑。

② 饥饿　肝糖原分解↑，糖异生↑。

二、肝在脂类代谢中的作用

① 肝合成的胆汁酸盐是一种强力乳化剂，促进脂类的消化吸收。

② 肝是脂肪酸分解、合成、改造及酮体生成的主要场所。

③ 肝是合成脂蛋白的主要场所。

④ 肝是胆固醇代谢的主要器官。

三、肝在蛋白质代谢中的作用

① 肝合成多种血浆蛋白质　清蛋白、凝血酶原、纤维蛋白原、部分球蛋白等。

② 肝在氨基酸分解代谢中起重要作用　氨基酸的脱氨基、脱羧基等代谢在肝内旺盛进行。

③ 肝是代谢氨和胺类物质的主要解毒器官　如氨在肝合成尿素。

四、肝在维生素代谢中的作用

① 肝合成的胆汁酸盐有利于脂溶性维生素的吸收。

② 肝是维生素 A、维生素 E、维生素 K、维生素 B_{12} 的主要储存场所。

③ 多种维生素在肝内转化为辅酶，参与物质代谢。

五、肝在激素代谢中的作用——参与激素的灭活

许多激素在发挥其调节作用后，主要在肝脏内被分解转化，从而降低或失去其活性，此过程称为激素的灭活。灭活过程对于激素作用时间的长短及强度具有调控作用。

六、肝功能受损时各代谢紊乱的表现及其原因

肝功能受损时各代谢紊乱的表现及其原因见表 10-1。

表 10-1　肝功能受损时各代谢紊乱的表现及其原因

肝功能	代谢紊乱的表现	原因
糖代谢	低血糖	肝糖原储存下降,糖异生减弱
脂类代谢	厌油腻及脂肪泻	分泌胆汁酸的能力下降或排出障碍
	脂肪肝	极低密度脂蛋白合成减少

肝 功 能	代谢紊乱的表现	原 因
蛋白质代谢	肝昏迷	尿素合成能力下降
	水肿或腹水	清蛋白合成减少
	凝血慢及出血倾向	凝血酶原、纤维蛋白原合成减少
维生素代谢	出血倾向、夜盲症	维生素 K、维生素 A 的吸收、转运与代谢障碍
激素代谢	蜘蛛痣、肝掌	肝对雌激素的灭活功能降低

第二节　肝的生物转化作用

一、非营养性物质

1. 概念

机体内的某些物质既不能构成组织细胞的结构成分，又不能彻底氧化分解供能，其中一些物质对人体有一定的生物学效应或毒性作用，统称为非营养物质。

2. 来源

① 内源性：体内代谢产物，如激素、胺类等。

② 外源性：外界进入机体，如药物、毒物等。

二、生物转化作用概述

（1）概念　非营养性物质在肝内，经过氧化、还原、水解和结合反应，使脂溶性较强的物质获得极性基团，增加水溶性，而易于随胆汁或尿液排出体外的过程称为生物转化作用。

（2）部位　肝（酶含量高，种类多）。

（3）特点　多样性、连续性、解毒与致毒双重性。

三、生物转化反应类型及酶系

1. 第一相反应

① 氧化反应及酶系（加单氧酶系、单胺氧化酶系、脱氢酶）。

② 还原反应及酶系（硝基还原酶、偶氮苯还原酶）。

③ 水解反应及酶系（酯酶、酰胺酶、糖苷酶）。

2. 第二相反应——结合反应

（1）主要类型　葡萄糖醛酸结合反应（最普遍）；硫酸结合反应；乙酰基结合反应；谷胱甘肽结合反应；甘氨酸结合反应；甲基结合反应。

（2）本质　极性化合物＋内源结合物→强极性化合物（易于排出体外）

四、影响生物转化作用的因素

年龄、性别、疾病及诱导物等体内外因素："轻壮幼虚、老弱病残、阴盛阳衰、药物诱导"。

第三节　胆汁酸代谢

一、胆汁的作用及化学组成

（1）作用　促进脂类的消化吸收，排泄体内代谢产物（胆红素、胆固醇）或生物转化后的产物。

（2）化学组成　主要特征性成分是胆汁酸、胆红素和胆固醇等。

二、胆汁酸的分类

胆汁酸的分类见表 10-2。

表 10-2　胆汁酸的分类

按结构分类 按来源分类	游 离 胆 汁 酸	结 合 胆 汁 酸
初级胆汁酸(肝内由胆固醇生成)	胆酸	甘氨胆酸、牛磺胆酸
	鹅脱氧胆酸	甘氨鹅脱氧胆酸、牛磺鹅脱氧胆酸
次级胆汁酸(由初级胆汁酸在肠菌作用下	脱氧胆酸	甘氨脱氧胆酸、牛磺脱氧胆酸
转变而成)	石胆酸	(石胆酸不再形成结合胆汁酸)

(1) 按来源分　初级胆汁酸、次级胆汁酸。

(2) 按结构分　游离胆汁酸、结合胆汁酸。

三、胆汁酸的代谢

1. 初级胆汁酸的生成

(1) 游离型胆汁酸的生成

① 原料：胆固醇。

② 限速酶：$7-\alpha-$羟化酶（胆汁酸负反馈抑制，甲状腺素激活）。

③ 调节：胆汁酸对胆固醇合成的限速酶 HMG-CoA 还原酶也具有抑制作用，故胆汁酸的代谢过程实际上对体内胆固醇的代谢有重要的调控作用。

(2) 结合型胆汁酸的生成　初级胆汁酸通常结合有甘氨酸或牛磺酸而成为结合型初级胆汁酸。

2. 次级胆汁酸的生成

结合型初级胆汁酸→(肠菌作用)→游离型初级胆汁酸→游离型次级胆汁酸（7 位脱羟基)→结合型次级胆汁酸（石胆酸无结合型）。

3. 胆汁酸的肠肝循环

(1) 概念　由肠道重吸收的胆汁酸由门静脉入肝，在肝中游离型胆汁酸又转变成结合型胆汁酸，并同新合成的结合型胆汁酸一起再次排入肠道称为胆汁酸的肠肝循环。

(2) 生理意义

① 使有限的胆汁酸发挥最大限度的乳化作用，以保证脂类的消化吸收。

② 有利于胆汁分泌，并使胆汁中的胆汁酸与胆固醇比例恒定，不易形成胆固醇结石。

四、胆汁酸的生理功能

① 促进脂类的消化及吸收。

② 抑制胆固醇结石的形成。

③ 对胆固醇代谢的调控作用。

第四节　胆色素代谢

胆色素是铁卟啉化合物在体内分解代谢的主要产物，包括胆红素、胆绿素、胆素原和胆素等多种化合物。

一、胆红素的来源与生成

① 胆红素的来源：衰老红细胞中血红蛋白的分解（80%）。

② 胆红素的生成部位：单核吞噬细胞系统。

③ 胆红素的生成过程

$$血红素 \xrightarrow[\text{(O}_2\text{, NADPH+H}^+\text{)}]{\text{血红素加氧酶系}} 胆绿素 \xrightarrow[\text{(NADPH+H}^+\text{)}]{\text{胆绿素还原酶}} 胆红素（游离胆红素）$$

二、胆红素在血中的运输

① 胆红素在血液中主要与血浆清蛋白结合，以胆红素-清蛋白复合物形式转运。既增加了胆红素在血浆中的溶解度，有利于运输；又限制了胆红素自由透过细胞膜而对组织细胞发生毒性作用。

② 胆红素-清蛋白复合体中的胆红素因尚未经肝细胞转化，仍是未结合胆红素。

三、胆红素在肝内的转变

$$胆红素-清蛋白 \xrightarrow[\text{清蛋白}]{\text{Y 蛋白}} 胆红素-Y 蛋白 \xrightarrow[\text{Y 蛋白}]{\text{UDPGA UDP}} 胆红素葡萄糖醛酸酯（结合胆红素）$$

经此转化作用，既增加了胆红素的水溶性，利于随胆汁排泄，又起到解毒作用。

四、胆红素在肠中的转变及胆色素的肠肝循环

$$结合胆红素 \xrightarrow[\text{GA}]{\text{肠菌}} 游离胆红素 \xrightarrow{\text{还原}} 胆素原（无色）\xrightarrow{\text{氧化}} 胆素（黄色）$$

胆素原：中胆素原、粪胆素原、尿胆素原。

胆素：中胆素、粪胆素（粪便颜色）、尿胆素。

胆色素的肠肝循环：少量胆素原（约 10%～20%）可在回肠下段和结肠中段被重吸收入血，经门静脉入肝，并大部分由肝细胞再分泌随胆汁排入肠腔的过程。

五、血清胆红素与黄疸

1. 两种胆红素概念

（1）未结合胆红素　主要指血浆中由游离胆红素与清蛋白结合生成的"胆红素-清蛋白"复合体，也包括游离胆红素。

（2）结合胆红素　胆红素在肝细胞中受葡萄糖醛酸基转移酶催化与 UDPGA 作用生成的水溶性胆红素葡萄糖醛酸酯。

2. 两种胆红素区别（表 10-3）

表 10-3　两种胆红素的区别

性　　质	未 结 合 胆 红 素	结 合 胆 红 素
溶解性	脂溶性	水溶性
与葡萄糖醛酸结合	未结合	结合
细胞膜通透性及毒性	大	小
经肾随尿排出	不能	能
与重氮试剂反应	慢或间接反应	快或直接反应
常见其他名称	间接胆红素 血胆红素	直接胆红素 肝胆红素

3. 血清胆红素与黄疸

（1）血清胆红素正常值　正常人血清中胆红素总量不超过 $17.1\mu mol/L$（$1mg/dL$），其中未结合胆红素占 80%，结合胆红素占 20%。

（2）黄疸　胆色素代谢紊乱时，胆红素生成过多，肝细胞对胆红素的转化功能受损，或排泄过程发生障碍，都能使血中胆红素浓度增高，表现为高胆红素血症。胆红素在血浆内浓

度过高，能扩散进入组织（巩膜、皮肤等处易见）导致其黄染，称为黄疸。

（3）三种类型黄疸产生原因

①肝前性黄疸：由于各种原因使红细胞大量破坏→Hb分解↑→胆红素生成↑→超过肝脏转化处理能力→大量未结合胆红素入血→引起高胆红素血症。

②肝源性黄疸：由于各种原因使肝功能严重损伤→肝对胆红素的摄取、转化、排泄能力下降→血中两型胆红素增多→引起高胆红素血症。

③肝后性黄疸：由于结石、肿瘤等使胆道梗阻→结合胆红素不能正常地随胆汁排泄→胆红素反流入血↑→血中结合胆红素↑→引起高胆红素血症。

（4）小结

①胆红素来源增多（如红细胞大量破坏）→肝前性（溶血性）黄疸。

②胆红素加工受阻（如肝炎、肝硬化等）→肝源性（肝性）黄疸。

③胆红素去路不畅（如胆道阻塞）→肝后性（梗阻性）黄疸。

【习题练习】

一、选择题

（一）最佳选择题（从四个备选答案中选出一个正确答案）

1. 短期饥饿时，血糖浓度的维持主要靠（　　）

A. 肝糖原分解　　B. 肌糖原分解　　C. 肝糖原合成　　D. 糖异生作用

2. 空腹24h以上，血糖浓度的维持主要靠（　　）

A. 肝糖原分解　　B. 肌糖原分解　　C. 肝糖原合成　　D. 糖异生作用

3. 关于肝在蛋白质代谢中的作用，下列描述中错误的是（　　）

A. 合成全部的血浆清蛋白，维持胶体渗透压

B. 合成尿素，解除氨毒

C. 合成全部的血浆球蛋白

D. 氨基酸的脱氨基作用在肝脏进行得非常活跃

4. 严重肝疾患的男性患者出现乳房发育的原因主要是（　　）

A. 雄激素分泌过多　　B. 雄激素灭活不好

C. 雌激素分泌过多　　D. 雌激素灭活不好

5. 关于生物转化作用的描述，错误的是（　　）

A. 具有多样性和连续性的特点　　　　B. 有解毒与致毒的双重性

C. 使非营养性物质极性降低，利于排泄　　D. 是对体内非营养物质的改造

6. 下列属于生物转化第二相反应的是（　　）

A. 氧化反应　　B. 结合反应　　C. 还原反应　　D. 水解反应

7. 生物转化第二相反应中最为普遍的是（　　）

A. 葡萄糖醛酸结合反应　　B. 硫酸结合反应

C. 乙酰基结合反应　　　　D. 谷胱甘肽结合反应

8. 参加肠道次级结合胆汁酸生成的氨基酸是（　　）

A. 鸟氨酸　　B. 精氨酸　　C. 甘氨酸　　D. 蛋氨酸

9. 下列属于游离型初级胆汁酸的是（　　）

A. 脱氧胆酸　　B. 胆酸　　C. 石胆酸　　D. 甘氨胆酸

10. 下列不形成结合型胆汁酸的是（　　）

A. 鹅脱氧胆酸　　B. 胆酸　　C. 脱氧胆酸　　D. 石胆酸

11. 肝内胆固醇代谢的主要终产物是（　　）

A. 7-α-胆固醇　　B. 胆酰 CoA　　C. 初级胆汁酸　　D. 维生素 D_3

12. 下列物质中，不属于胆色素的是（　　）

A. 胆红素　　B. 胆固醇　　C. 胆绿素　　D. 胆素原和胆素

13. 下列物质中，在单核吞噬细胞系统生成的是（　　）

A. 胆红素　　B. 葡萄糖醛酸胆红素　　C. 石胆酸　　D. 胆汁酸

14. 胆红素的主要来源是（　　）

A. 细胞色素　　B. 肌红蛋白　　C. 血红蛋白　　D. 胆固醇

15. 胆红素在血液中的主要运输形式是（　　）

A. 胆红素-清蛋白复合物　　B. 胆红素-Y 蛋白复合物

C. 胆红素-球蛋白复合物　　D. 胆红素-Z 蛋白复合物

16. 肝中与胆红素结合的最主要的物质是（　　）

A. 硫酸根　　B. 甲基　　C. 乙酰基　　D. 葡萄糖醛酸

17. 下列有关未结合胆红素性质的描述，正确的是（　　）

A. 水溶性大　　　　　　　　　B. 可从尿中排除

C. 细胞膜通透性及毒性大　　D. 与重氮试剂反应迅速

18. 下列有关结合胆红素性质的描述，错误的是（　　）

A. 其化学本质是胆红素葡萄糖醛酸酯　　B. 不能从尿中排除

C. 细胞膜通透性及毒性小　　　　　　　D. 与重氮试剂反应迅速

19. 新生儿出现生理性黄疸的主要原因是（　　）

A. 肝中 Y 蛋白水平较低　　　　　　　B. 肝中 Z 蛋白水平较低

C. 肝中葡萄糖醛酸基转移酶活性较低　　D. 血浆中清蛋白水平较低

20. 下列对阻塞性黄疸的描述，错误的是（　　）

A. 血清直接胆红素浓度升高　　B. 重氮反应试验即刻阳性

C. 血清间接胆红素无明显改变　　D. 尿胆红素检查阴性

（二）配伍选择题（每题从四个备选项中选出一个最佳答案，备选项可重复选用）

[1～3]

A. 重症肝炎　　B. 红细胞大量破坏　　C. 肠道梗阻　　D. 胆道梗阻

1. 可导致溶血性黄疸的是（　　）

2. 可导致阻塞性黄疸的是（　　）

3. 可导致肝性黄疸的是（　　）

[4～5]

A. 胆酸　　B. 石胆酸　　C. 脱氧胆酸　　D. 鹅脱氧胆酸

4. 生成石胆酸的初级胆汁酸是（　　）

5. 胆酸的第 7 位碳原子脱羟基生成（　　）

二、填空题

1. 胆汁酸合成的原料是_____，限速酶是_____。

2. 血浆脂蛋白中，_____和_____在肝脏合成。

3. 次级胆汁酸由_____经_____作用发生 7 位脱羟基转变而成。

4. 游离型胆汁酸可与_____及_____结合转变成结合型胆汁酸。

5. 肝功能严重受损时出现水肿、腹水，是由于肝合成的_____减少，_____下降所致。

6. 肝通过_____循环将有毒的氨合成无毒的_____而解氨毒。

7. 肝主要通过_____、_____和_____来维持血糖浓度的相对恒定。

8. 生物转化作用分为两相，_____、_____和_____属于第一相反应，_____属于第二相反应。

9. 胆红素生成过程中，_____是胆红素生成的限速酶。

10. 结合胆红素排入肠道后被还原为_____、_____和_____，三者统称为胆素原族。

三、判断题

1. (　　) 饥饿时，机体可通过肝糖原和肌糖原的分解来补充血糖。

2. (　　) 所有氨基酸的转氨基、脱氨基等反应在肝中进行均十分活跃。

3. (　　) 正常情况下，尿中有结合胆红素排出。

4. (　　) 进入肠道的胆汁酸大部分随粪便排出。

5. (　　) 与清蛋白结合的胆红素是未结合胆红素。

四、名词解释

1. 生物转化作用
2. 胆汁酸的肠肝循环
3. 胆色素的肠肝循环
4. 未结合胆红素
5. 结合胆红素

五、问答题

1. 简述肝在脂类代谢中的作用。
2. 简述胆汁酸肠肝循环的生理意义。
3. 未结合胆红素和结合胆红素有哪些区别？
4. 简述胆汁酸的生理功能。
5. 试述胆红素的代谢过程。
6. 简述黄疸的类型及产生的原因。

第十一章　DNA 的生物合成——复制

【内容精讲】

第一节　概　述

一、基因

基因指生物体内携带有遗传信息的 DNA 或 RNA 功能性片段。一个基因不仅是编码有功能的蛋白质多肽链或 RNA 所必需的核酸序列（通常指 DNA 序列），而且还包括为保证转录所必需的调控序列、5′-端非翻译序列、内含子以及 3′-端非翻译序列等核酸序列。

二、遗传信息传递的中心法则

中心法则指遗传信息传递和表达的规律，即 DNA 可以通过复制将遗传信息传递给下一代，DNA 通过转录生成 RNA，RNA 再翻译成蛋白质，RNA 也可以复制或通过逆转录生成DNA，见下图。

第二节　染色体 DNA 的复制

一、DNA 的复制

1. 复制的概念

复制是以亲代 DNA 为模板，按照碱基互补配对原则合成出完全相同的子代 DNA 的过程。

2. 复制的基本特征

(1) 半保留复制　子代 DNA 一股单链完整地来自亲代，另一股单链是重新合成的，这种复制方式称为半保留复制。该复制方式体现了遗传信息传递过程的相对保守性。

(2) 半不连续复制　由于作为复制模板的 DNA 双链是反向平行的，而催化新链合成的DNA 聚合酶只能沿着 5′-3′方向形成 3′-5′磷酸二酯键，因此沿解链方向生成的子链其复制过程可以连续进行，这股链即为领头链；而逆着解链方向生成的子链其复制过程不能连续进行，这股链即为随从链；随从链合成时首先合成的不连续的 DNA 片段称为冈崎片段；最终冈崎片段被连接成完整的随从链。DNA 复制时领头链连续合成而随从链不连续合成的方式即为半不连续复制。

(3) 复制的方向　DNA 复制时，由特定的起始位点向两个方向进行延长，称为双向复制。原核生物多为单起点双向复制，真核生物多为多起点双向复制。

二、参与 DNA 复制的物质

1. DNA 聚合酶（依赖 DNA 的 DNA 聚合酶，DDDP）

DNA 聚合酶反应特点：①底物为四种 dNTP；②需模板；③需引物 3′-OH 存在；④链的生长方向 5′→3′；⑤产物性质同模板。

原核生物的 DNA 聚合酶有三种，DNA 聚合酶 I 具 $5'→3'$ 聚合酶的活性、$5'→3'$ 及 $3'→5'$ 外切酶活性，主要在 DNA 的损伤修复及填补链内空隙时起作用；DNA 聚合酶 III 具 $5'→3'$ 聚合酶的活性及 $3'→5'$ 外切酶活性，是真正的复制酶，有校读功能。

真核生物的 DNA 聚合酶现有五种，分别是 α、β、γ、δ 和 ε。其中 α 和 δ 是真正的复制酶，γ 主要负责线粒体 DNA 的复制。

2. 引物酶

引物酶是一种特殊的 RNA 聚合酶，它以 DNA 链为模板，识别复制起始点，催化一段引物 RNA 的合成，以为 DNA 聚合酶提供 $3'$-OH 端。

3. 解螺旋酶

利用 ATP 供能促使 DNA 双螺旋局部解开为单链。

4. 拓扑异构酶

使 DNA 去超螺旋而呈松弛状态。主要有 I 型和 II 型两类：I 型切断并连接单链，不需要 ATP；II 型切断并连接双链，需要 ATP。

5. DNA 连接酶

催化以氢键结合于模板 DNA 链的两个相邻 DNA 片段的 $3'$-OH 和 $5'$-P 通过磷酸二酯键连接起来。

6. 单链 DNA 结合蛋白（SSB）

结合模板 DNA 的单链区域，阻止其复性并避开核酸酶的水解，从而维持模板 DNA 的单链状态。

三、复制的基本过程

以原核生物环状 DNA 为例，其复制过程可分为起始、延长和终止三个主要阶段。

1. 起始

（1）双链解开，形成复制叉　复制起点，在解螺旋酶、解链酶及单链结合蛋白等共同作用下，DNA 双链局部解开，在两股单链上进行复制，在电镜下看到伸展叉状的复制现象，称为复制叉。

（2）合成引物　引物酶以解开双链之一段 DNA 为模板，按 $5'→3'$ 方向催化合成与模板互补的一小段引物 RNA。

2. 延长

DNA 聚合酶 III 利用引物提供的游离 $3'$-OH，根据模板的要求按照 $5'→3'$ 方向逐个加入 dNTP。领头链上连续合成互补新链，随从链上合成不连续的冈崎片段。

3. 终止

DNA 聚合酶 I 切除 RNA 引物并延伸 DNA 片段至下一个 DNA 片段，填补 RNA 空隙。DNA 连接酶催化 DNA 片段连接成完整的两个子代 DNA。

四、逆转录

逆转录是以 RNA 为模板，dNTP 为原料，在逆转录酶的催化下合成 DNA 的过程。逆转录酶有 RNA 依赖的 DNA 聚合酶、核糖核酸酶 H、DNA 依赖的 DNA 聚合酶等多种酶的活性。逆转录的发现补充了中心法则，拓展了病毒致癌理论，促进基因工程的研究发展。

第三节　DNA 损伤与修复

一、DNA 损伤

指一个或多个脱氧核糖核苷酸的构成的改变，造成 DNA 结构与功能的破坏，这种现象称为 DNA 损伤。

二、引起 DNA 损伤的因素

（1）自发突变

（2）物理因素　最普遍的是紫外线和电离辐射。如紫外线照射后常会形成胸腺嘧啶二聚体。

（3）化学因素　可引起 DNA 损伤的化学物质主要有烷化剂、碱基类似物和 DNA 加合剂等。

（4）生物因素　如逆转录病毒。

三、DNA 损伤的类型

（1）点突变　指 DNA 分子中某一碱基的改变。如果一个嘌呤碱被另一种嘌呤碱所取代或者一个嘧啶碱被另一种嘧啶碱所取代称为转换；而嘌呤和嘧啶碱之间的互换称为颠换。

（2）缺失　指 DNA 分子中有一个或多个碱基消失。

（3）插入　指 DNA 分子中发生一个或多个碱基的插入。缺失或插入可引起移码突变。

（4）重排　发生倒位或转位。

四、DNA 损伤的修复

（1）直接修复　直接修复中常见的方式有光修复。光修复指 300～600nm 的光激活修复酶，可使紫外线照射引起的嘧啶二聚体解聚为原来状态的过程。

（2）切除修复　细胞内最主要和有效的修复方式。细胞内特异的酶识别损伤部位，切除损伤 DNA；同时以另一条完整的 DNA 链为模板，由 DNA-pol Ⅰ 填补空隙，DNA 连接酶封口，使 DNA 恢复正常结构。

（3）重组修复　先复制再修复。当亲代 DNA 链上存在较大损伤时，子代 DNA 会跳过损伤部位继续进行复制，损伤部位因无模板指引，复制出来的子链会出现缺口。完整的母链 DNA 上相应位置的 DNA 片段将移至子代缺口处，而缺失了 DNA 片段的健康母链以新合成的子链为模板填补缺口。所以损伤没有消失，但不断复制后，比例越来越低。

（4）SOS 修复　该修复是在 DNA 受到严重损伤或修复系统受到抑制的情况下而出现的一类应急性的修复方式。通过 SOS 修复，复制如能继续，细胞可存活；但是修复的 DNA 保留的错误较多，可引起广泛的、长期的突变。

【习题练习】

一、选择题

（一）最佳选择题（从四个备选答案中选出一个正确答案）

1. DNA 复制时，引物是（　　）

A. 由 DNA 片段上继续合成的 RNA 小片段

B. 指 DNA 模板上的一小段 RNA 小片段

C. 以 RNA 作为模板合成的 RNA 小片段

D. 指以 DNA 为模板合成的 RNA 小片段

2. 冈崎片段是指（　　）

A. DNA 模板的一段　　　　　　　B. 引物酶催化合成的一段 RNA

C. 领头链上合成的 DNA 片段　　　D. 随从链上由引物引导合成的 DNA 片段

3. DNA 模板的顺序为 5'-ATTCGA-3'，其复制产物是（　　）

A. 5'-TAAGCT-3'　　　B. 5'-UAAGCU-3'

C. 5′-TCGAAT-3′　　　D. 5′-UCGAAU-3′

4. 真核生物的主要 DNA 复制酶是（　　　）
A. DNA 聚合酶 β　　　　　　　　B. DNA 聚合酶 ε
C. DNA 聚合酶 α 和 DNA 聚合酶 δ　　D. DNA 聚合酶 γ

5. DNA 合成的原料是（　　　）
A. NMP　　　B. dNMP　　　C. NTP　　　D. dNTP

6. 大肠杆菌主要参与复制的酶是（　　　）
A. DNA-pol Ⅰ　　　B. DNA-pol Ⅱ　　　C. DNA-pol Ⅲ　　　D. DNA-pol Ⅳ

7. 原核生物中主要参与切除修复的酶是（　　　）
A. DNA-pol Ⅰ　　　B. DNA-pol Ⅱ　　　C. DNA-pol Ⅲ　　　D. DNA-pol Ⅳ

8. 真核生物负责线粒体 DNA 复制的酶是（　　　）
A. DNA 聚合酶 β　　　　　　　　B. DNA 聚合酶 ε
C. DNA 聚合酶 α 及 DNA 聚合酶 δ　　D. DNA 聚合酶 γ

9. 下列有关叙述正确的是（　　　）
A. 领头链合成不需要引物，随从链合成也不需要引物
B. 领头链合成需要引物，随从链合成不需要引物
C. 领头链合成不需要引物，随从链合成需要引物
D. 领头链合成需要引物，随从链合成也需要引物

10. 下列叙述错误的是（　　　）
A. 真核生物 DNA 复制是半保留的，原核生物 DNA 复制也是半保留的
B. SSB 的作用可稳定单链
C. 拓扑异构酶 Ⅰ 切割单链，不需要 ATP
D. 拓扑异构酶 Ⅱ 切割单链，需要 ATP

11. 下列叙述正确的是（　　　）
A. 领头链连续合成，随从链也连续合成
B. 领头链不连续合成，随从链也不连续合成
C. 领头链连续合成，随从链不连续合成
D. 领头链不连续合成，随从链连续合成

12. 以 ^{15}N-DNA 的细菌为亲代，转入 ^{14}N 的培养基中培养 2 代后，其中 ^{15}N-DNA 单链占总量的（　　　）
A. 1/2　　　B. 1/4　　　C. 1/8　　　D. 1/16

13. 下列不能引起 DNA 突变的因素是（　　　）
A. 紫外线　　　B. 可见光　　　C. 化学诱变剂　　　D. 致癌病毒

14. 下列酶中，原核生物 DNA 复制时不需要的是（　　　）
A. DNA 指导的 DNA 聚合酶　　　B. 连接酶
C. 拓扑异构酶　　　　　　　　　D. RNA 指导 DNA 的聚合酶

15. 下列关于逆转录酶的叙述错误是（　　　）
A. 具有 RNA 依赖的 DNA 聚合酶活性
B. 具有 DNA 依赖的 DNA 聚合酶活性
C. 具有 RNA 依赖的 RNA 聚合酶活性
D. 具有 RNA 酶 H 的活性，可水解 RNA-DNA 杂化分子中的 RNA

16. 目前生物遗传信息传递规律中还没有实验证据的是（　　　）
A. DNA→RNA　　　B. RNA→蛋白质　　　C. RNA→DNA　　　D. 蛋白质→DNA

17. 复制起始时最早出现或需要的一组物质是（　　　）

A. 冈崎片段、复制叉、DNA 聚合酶Ⅲ

B. DNA 外切酶、DNA 内切酶、DNA 聚合酶Ⅰ

C. RNA 引物、DNA 拓扑异构酶、连接酶

D. 解链酶、引物酶、DNA 结合蛋白

18. 复制时引物的作用是（　　　）

A. 使 DNA-pol Ⅲ 活化　　　　　B. 提供 5'-P 合成 DNA 链

C. 提供 3'-OH 合成 DNA 链　　　D. 解开 DNA 双链

19. 下列关于 DNA 连接酶的叙述正确的是（　　　）

A. 合成 RNA 引物

B. 去除引物，填补空缺

C. 使 DNA 形成超螺旋结构

D. 两个相邻 DNA 片段的 3'-OH 和 5'-P 通过磷酸二酯键连接起来

20. DNA 复制时，有关子链的合成叙述正确的是（　　　）

A. 两条链均为连续合成　　　　　　　B. 两条链均按照 5'→3' 方向合成

C. 两条链均按照 3'→5' 方向合成　　　D. 两条链均为不连续合成

21. 紫外线（UV）直接照射 DNA 时最易形成的二聚体是（　　　）

A. C-C　　　B. C-T　　　C. T-T　　　D. T-U

（二）配伍选择题（每题从四个备选项中选出一个最佳答案，备选项可重复选用）

[1~4]

A. 半不连续复制　　　B. 半保留复制　　　C. 复制　　　D. 逆转录

1. 子代 DNA 的一条链来自亲代的复制方式是（　　　）

2. 领头链连续合成而随从链不连续合成的方式是（　　　）

3. 以 DNA 为模板合成 DNA 的过程是（　　　）

4. 以 RNA 为模板合成 DNA 的过程是（　　　）

[5~7]

A. NTP　　　B. dNTP　　　C. NMP　　　D. dNMP

5. 复制的原料是（　　　）

6. 逆转录的原料是（　　　）

7. DNA 的基本结构单位是（　　　）

二、填空题

1. DNA 复制时，连续合成的那条链称为_____链；不连续合成的那条链称为_____链。

2. 插入或缺失几个核苷酸引起的 DNA 损伤可导致_____。

3. DNA 生物合成过程包括_____、_____和_____。

4. DNA 随从链合成的起始要一段短的_____，它是由_____以核糖核苷三磷酸为底物合成的，合成方向是_____。

5. 在原核生物 DNA 复制和修复过程中修补 DNA 链上缺口的酶是_____。

6. 原核生物 DNA 损伤的修复包括_____、_____、_____和_____。

7. 引起损伤的因素包括_____、_____、_____和_____。

8. 逆转录的模板是_____；原料是_____；合成方向是_____；合成所需的酶是_____。

9. 细胞内最主要和有效的修复方式是_____。

10. 复制起点，DNA双链局部解开，在两股单链上进行复制，在电镜下看到伸展成叉状的复制现象，称为_____。

三、判断题

1. （　　）目前认为遗传信息只能从DNA传递到RNA，不能从RNA传递到DNA。
2. （　　）原核生物的DNA聚合酶不具有修复功能。
3. （　　）光修复是彻底的DNA损伤修复过程。
4. （　　）重组修复不能将损伤部位彻底修复。
5. （　　）原核生物通常单起点双向复制，真核生物是多起点双向复制。
6. （　　）冈崎片段的合成不需要引物。
7. （　　）原核生物领头链和随从链的合成共用一个DNA聚合酶。
8. （　　）嘧啶被嘌呤替换引起的点突变称为颠换。

四、名词解释

1. 基因
2. 中心法则
3. 半保留复制
4. 半不连续复制
5. 领头链和随从链
6. 复制
7. 逆转录
8. DNA损伤
9. 冈崎片段

五、问答题

1. DNA复制过程中需要哪些成分的参与？各起何作用？
2. 简述原核生物DNA复制的基本过程。
3. DNA的生物合成过程有几种形式？试从原料、模板、合成酶及产物四个方面进行比较。
4. DNA聚合酶的反应特点包括哪些方面？

第十二章　RNA 的生物合成——转录

【内容精讲】

第一节　概　述

一、转录的概念

RNA 的生物合成包括 RNA 转录与 RNA 复制。RNA 转录是基因表达的第一步，指以 DNA 的一条链为模板，NTP 为原料，按碱基配对的原则，在 RNA 聚合酶催化下合成 RNA 的过程。

二、转录与复制的比较

1. 转录与复制的相似之处

① 合成方向均为 $5' \to 3'$。

② 核苷酸之间均通过 $3',5'$-磷酸二酯键聚合。

2. 转录与复制的不同点

① RNA 聚合酶不需要引物，无校正功能；DNA 聚合酶需要引物，有校正功能。

② 转录以 4 种 NTP（AGCU）为原料；复制以 4 种 dNTP（AGCT）为原料。

③ 转录的模板是 DNA 双链中的一条链；复制时 DNA 的双链分别作为模板。

④ 转录的产物是单链 RNA；复制的产物是与亲代完全相同的子代 DNA。

第二节　RNA 的转录体系

转录体系包括 DNA 模板、四种 NTP 原料、RNA 聚合酶、某些蛋白质因子及必需的无机离子等。

一、DNA 模板

1. 不对称转录

不对称转录指对一个基因而言转录时仅以 DNA 的一条链作为模板，而对一个 DNA 分子上的不同基因而言，模板链并不总是固定在同一股单链上。

能进行转录的 DNA 单链称为模板链；不能进行转录的另一条 DNA 单链称为编码链。

2. 启动子

启动子是位于结构基因 $5'$-端上游的一段 DNA 序列，能够指导 RNA 聚合酶与模板正确的结合，启动基因转录，是转录调控的关键部位。启动子的核苷酸序列具有保守性，可影响转录的精确起始以及转录起始的频率。

二、RNA 聚合酶

1. 原核生物的 RNA 聚合酶

原核生物中只有一种 RNA 聚合酶。全酶由五个亚基组成：$\alpha_2\beta\beta'\sigma$，具备起始能力，又能使链延长。$\alpha_2\beta\beta'$为核心酶，核心酶不具备起始的能力，只能使链延长。$\sigma$亚基辨别转录起始位点，易与核心酶分离。

2. 真核生物的 RNA 聚合酶

真核生物有细胞核，其转录过程由三种 RNA 聚合酶（RNA 聚合酶Ⅰ、RNA 聚合酶Ⅱ、RNA 聚合酶Ⅲ）分别在细胞核内完成的（表 12-1）。

表 12-1　真核生物的 RNA 聚合酶

种类	RNA 聚合酶Ⅰ	RNA 聚合酶Ⅱ	RNA 聚合酶Ⅲ
转录产物	28S、5.8S 和 18SrRNA 的前体(45S-rRNA)	mRNA 的前体 hnRNA	tRNA、5S-rRNA 等
对鹅膏蕈碱的反应	可耐受	极敏感	中度敏感

第三节　RNA 转录的基本过程

转录过程大致可分为起始、延长和终止三个阶段。以下为原核生物的转录过程。

一、起始阶段

由全酶上的 σ 因子识别 DNA 模板上的起始部位，带动 RNA 聚合酶（全酶）与 DNA 模板结合，局部解开 DNA 双链，以 DNA 的一条链为模板，NTP 为原料，按照碱基互补原则，由 pppA 或 pppG 启动转录。

二、延长阶段

起始后 σ 因子离开，核心酶构象改变；在核心酶的催化下，以四种 NTP 为原料，与模板碱基配对，沿 DNA 模板 $5'\rightarrow3'$ 方向进行聚合作用使链延长。转录过程的局部形成 DNA-RNA 杂交双链，由于 DNA-DNA 双链比 DNA-RNA 杂交双链稳定，随后 DNA 互补链取代 RNA 链，恢复 DNA 双螺旋结构。转录未结束就可以开始翻译。

三、终止阶段

当模板上出现终止信号，转录便自行终止。转录终止可依赖于 ρ 因子或不依赖于 ρ 因子，后者是靠 RNA 本身的茎环结构及随后的一串寡聚 U 而引起终止作用的。

第四节　RNA 转录后的加工过程

转录过程中生成 RNA 的初级产物，称为 RNA 的前体，一般无生物学活性。原核生物的转录后加工不普遍且相对简单，而几乎所有的真核细胞都存在转录后的加工。

一、mRNA 转录后的加工

真核细胞的基因通常是一种断裂基因，由编码序列和非编码序列相互间隔排列而成。hnRNA 分子中的编码序列称为外显子，hnRNA 分子中被切除的序列称为内含子。
hnRNA 是真核生物 mRNA 的前体，经过加工后转变成成熟的 mRNA。
①在 $3'$-端加上 poly A 尾巴；②$5'$-端加上 7-甲基鸟苷帽子；③剪接除去内含子；④碱基的修饰。

二、tRNA 转录后的加工

细胞内有几十种 tRNA，它们的前体和加工不完全相同。其加工方式有：①切除 $3'$、$5'$ 的多余核苷酸；②在 $3'$-端加上 CCA 序列；③tRNA 的有些碱基还需进行特征性修饰如甲基化、脱氨和还原等。

三、rRNA 转录后的加工

原核生物中的 16S 和 23SrRNA 由 30SrRNA 前体产生。真核生物中的 18S、28S、5.8SrRNA 由 45SrRNA 前体加工生成。5SrRNA 的生成通过另外的途径。

【习题练习】

一、选择题

（一）最佳选择题（从四个备选答案中选出一个正确答案）

1. 原核生物 RNA 聚合酶核心酶的组成是（　　）

A. $\alpha_2\beta\beta'$　　B. $\alpha\beta_2\beta'$　　C. $\alpha\beta\beta'_2$　　D. $\alpha\beta\beta'\sigma$

2. 原核生物转录酶中 σ 的作用是（　　）

A. 识别转录起始位点　　B. 参与转录终止过程

C. 参与转录延长过程　　D. 启动转录，并参与转录延长过程

3. DNA 模板的顺序为 5'-ATTCGA-3'，其转录产物是（　　）

A. 5'-TAAGCT-3'　　B. 5'-UAAGCU-3'

C. 5'-TCGAAT-3'　　D. 5'-UCGAAU-3'

4. 下列关于转录过程中模板链与新合成的 RNA 链的碱基对应关系错误的是（　　）

A. A-T　　B. T-A　　C. C-G　　D. G-C

5. RNA 合成的原料是（　　）

A. NMP　　B. dNMP　　C. NTP　　D. dNTP

6. 下列描述正确的是（　　）

A. 模板链就是编码链

B. 只有编码链才能指导合成 RNA

C. 不同基因的模板链并不固定某一条 DNA 单链上

D. 转录过程与复制一样，都是对称进行的

7. 真核生物中催化 mRNA 合成的是（　　）

A. RNA-pol Ⅰ　　B. RNA-pol Ⅱ

C. RNA-pol Ⅲ　　D. RNA-pol Ⅳ

8. 原核生物转录过程中 ρ 因子的功能是（　　）

A. 发现转录起始点　　B. 参与转录终止过程

C. 参与转录延长过程　　D. 参与转录后的加工

9. 有关 mRNA 转录后加工叙述错误的是（　　）

A. 切除内含子，连接外显子　　B. 切除外显子，连接内含子

C. 5'加帽子　　D. 3'加尾巴

10. 下列叙述错误的是（　　）

A. DNA 复制的方向是 5'→3'

B. RNA 合成的方向是 5'→3'

C. DNA 复制的方向是 3'→5'，RNA 聚合酶的催化方向是 3'→5'

D. DNA 聚合酶和 RNA 聚合酶的催化方向都是 5'→3'

11. 下列叙述错误的是（　　）

A. RNA 聚合酶不能催化合成 DNA　　B. 逆转录酶不能催化合成 RNA

C. 逆转录酶可以催化合成 DNA　　D. DNA 聚合酶可以催化合成 RNA

12. 下列关于复制和转录的描述中正确的是（　　）

A. 两个过程的合成方向都是 $5' \rightarrow 3'$　　　B. 两个过程都需要引物

C. 两个过程都具有不对称性　　　　D. 两者的原料都是 NTP

13. 原核生物 RNA 聚合酶核心酶的作用是（　　）

A. 识别转录起始位点　　　B. 参与转录终止过程

C. 参与转录延长过程　　　D. 启动转录，并参与转录终止过程

14. 转录时不需要的物质是（　　）

A. 依赖 DNA 的 RNA 聚合酶　　　B. DNA 模板

C. NTP　　　　　　　　　　　D. 依赖 RNA 的 DNA 聚合酶

15. 不对称转录是指（　　）

A. 没有规律的转录过程

B. 转录经翻译生成氨基酸，氨基酸含有不对称碳原子

C. 对一个 DNA 分子上的不同基因而言，模板链并不总是固定在同一股单链上

D. 同一单链 DNA 模板转录时可以是从 $5'$ 至 $3'$ 延长和从 $3'$ 至 $5'$ 延长

16. 有关转录时 RNA 聚合酶的描述错误的是（　　）

A. RNA 聚合酶作用需要有 DNA 模板

B. RNA 聚合酶不需引物

C. RNA 聚合酶具有校正功能

D. 真核、原核生物有各自不同的 RNA 聚合酶

17. 关于成熟 RNA 的"帽子"的叙述，正确的是（　　）

A. 属于 tRNA 的转录后加工　　　B. 存在于 tRNA 的 $3'$-端

C. 由多聚 A 组成　　　　　　　D. 存在于真核细胞的 mRNA 的 $5'$-端

18. 下列不属于 tRNA 转录后加工的是（　　）

A. $3'$-端加-CCA　　　B. 切除多余序列　　　C. 个别碱基的修饰　　　D. $5'$-端加多聚 A

19. 有关 RNA 生物合成的叙述，正确的是（　　）

A. RNA 可以自我复制合成 RNA　　　B. RNA 只能通过 DNA 的转录生成

C. 所有新合成的 RNA 都有生物学活性　　　D. RNA 可以通过逆转录方式合成

（二）配伍选择题（每题从四个备选项中选出一个最佳答案，备选项可重复选用）

[1~3]

A. 内含子　　　B. 外显子　　　C. 编码链　　　D. 模板链

1. 通过转录后加工被去除的核苷酸序列称为（　　）

2. hnRNA 中的编码序列称为（　　）

3. 能够直接指导 RNA 合成的 DNA 链称为（　　）

[4~5]

A. NTP　　　B. dNTP　　　C. NMP　　　D. dNMP

4. 转录的原料是（　　）

5. RNA 的基本结构单位是（　　）

[6~7]

A. 内含子　　　B. 外显子　　　C. 启动子　　　D. ρ 因子

6. 参与转录终止的是（　　）

7. 在 DNA 分子中 RNA 聚合酶识别并结合的序列称为（　　）

二、填空题

1. 转录时，与模板链互补那条链称为_____链。

2. 真核细胞 mRNA 的前体是_____，是由_____催化合成。

3. 转录的基本过程包括_____、_____和_____。

4. 原核生物 RNA 聚合酶的全酶由_____组成，核心酶是_____。

5. 真核生物的三种 RNA 聚合酶对鹅膏蕈碱耐受的_____，其负责_____的合成。

6. 现有一基因，其转录生成的 hnRNA 序列和成熟的 mRNA 序列中比较长的是_____。

7. 转录时 RNA 的生成方向是_____。

8. 转录体系包括_____、_____、_____和_____等。

9. 真核细胞 tRNA 的前体是由_____催化合成。

10. 真核细胞的转录过程发生在_____。

三、判断题

1. （   ） RNA 可以指导合成 DNA。

2. （   ） RNA 聚合酶不具有修复功能。

3. （   ） DNA 可以指导合成 RNA。

4. （   ） 转录过程通常是单起点双向进行的。

5. （   ） RNA 可以指导合成 RNA。

6. （   ） RNA 合成不需要引物酶。

7. （   ） 真核生物只有一种 RNA 聚合酶。

四、名词解释

1. 转录

2. 不对称转录

3. 外显子和内含子

4. 启动子

5. 编码链和模板链

五、问答题

1. 原核生物转录过程中需要哪些成分的参与？各起何作用？

2. 简述原核生物转录的基本过程。

3. 试比较复制与转录异同。

4. 从模板、原料、合成酶、合成方向及产物比较转录与逆转录过程。

第十三章 蛋白质的生物合成——翻译

【内容精讲】

翻译是指在核蛋白体上，以 mRNA 为模板，20 种基本氨基酸为原料，按照密码子的要求，合成蛋白质的过程。

第一节 蛋白质生物合成体系

一、多肽链合成的直接模板——mRNA

mRNA 含有 DNA 传递的遗传信息，作为多肽链合成的直接模板。mRNA 分子中每相邻的三个核苷酸代表一种氨基酸或一定的遗传信息，称为密码子或三联密码。4 类核苷酸共组成 64 个不同的遗传密码，编码 20 种氨基酸。密码子有以下特点。

（1）方向性 mRNA 分子中密码子的排列有一定的方向性，即从 $5' \rightarrow 3'$。

（2）终止密码子 UAA、UGA、UAG；起始密码子：AUG。

（3）不间隔性（连续性） 密码子之间没有任何标点和核苷酸间隔，"阅读"连续不断地进行，直至终止密码子为止。

移码突变（框移突变）：由插入或缺失核苷酸造成三联体密码的阅读方式改变，导致蛋白质氨基酸排列顺序发生改变的一类突变。

（4）简并性 一种氨基酸可由两种以上的密码子编码的现象。编码同一种氨基酸的几种密码子称为同义密码。密码简并性的意义是减少突变的有害效应。

（5）通用性 通用于生物界所有物种，证明生物同源（线粒体、叶绿体等除外）。

（6）摆动性 反密码子与密码子间不严格遵守常见的碱基配对规律。按从 $5' \rightarrow 3'$ 阅读密码规则，反密码子第 1 位碱基可以和密码子第 3 位的几种碱基形成氢键。位于摆动位置的 U 可以和 A、G 配对，G 可以和 U、C 配对，I 可以和 U、C、或 A 配对。

二、氨基酸的"搬运工具"——tRNA

① tRNA 起接合器的作用，其三级结构呈倒 L 形，一端为氨基酸臂，结合转运的氨基酸；另一端为反密码环，能识别 mRNA 模板，使所带的氨基酸按模板顺序排列成肽。

② 反密码子：tRNA 的反密码环上的三联碱基能与密码子反向互补，称为反密码子。

三、肽链合成的"装配机"——核蛋白体

rRNA 与蛋白组装成核蛋白体，作为蛋白质生物合成的装配机或场所：小亚基，mRNA 结合位；大亚基，tRNA 结合位，分为 P 位（给位）和 A 位（受位）；还有转肽酶的活性。

第二节 蛋白质生物合成过程

一、氨基酸的活化与转运

在高度特异的氨基酰 tRNA 合成酶的催化下，氨基酸的羧基与 tRNA $3'$-末端上的—OH 结合为氨基酰-tRNA。

二、肽链合成的起始（以原核生物为例）

由核蛋白体的大小亚基、mRNA 和具起始作用的蛋氨酰-tRNA 形成起始复合体。该过程需要 Mg^{2+}、GTP、ATP 及几种起始因子（IF）的参加。

三、肽链的延长

据 mRNA 上密码子的要求，依次加入新的氨基酸从 N-端向 C-端延伸肽链，直到终止密码出现。肽链延长分为进位、成肽、转位三个循环进行的阶段。

（1）进位 在 A 位点密码子指导下，正确的氨基酰-tRNA 进入 A 位点。

（2）成肽 P 位点的肽酰-tRNA 与 A 位点的氨基酰-tRNA 在转肽酶的作用下形成肽键。

（3）转位 A 位点形成的肽酰 tRNA 和相应的密码子移至 P 位点，A 位点空出为下一密码子识别和肽键形成做准备。

四、肽链的终止

终止因子结合到终止密码子上，此时转肽酶起水解作用，使肽酰-tRNA 水解，肽链释放，接着 tRNA 释放，大小亚基解聚与 mRNA 分离。

广义的核蛋白体循环：指蛋白质的合成全过程，即起始、延长和终止三个阶段。

五、蛋白质空间构象折叠与其他翻译后的加工

① 在氨基肽酶作用下，切去多肽链 N-端蛋氨酸。

② 二硫键形成。

③ 在特异蛋白水解酶作用下，通过水解修剪使无活性或有部分活性的蛋白质转变为有活性的形式。

④ 氨基酸残基侧链的修饰：包括羟化、甲基化、磷酸化、糖化、酯化等。

⑤ 辅基的结合：糖链、血红素、脂类等辅基分别与多肽链结合生成糖蛋白、血红蛋白和脂蛋白等结合蛋白质。

⑥ 亚基聚合：各独立三级结构的多肽链通过非共价键将亚基聚合形成活性多聚体（四级结构）。

第三节 蛋白质合成与医学

一、分子病

由于 DNA 分子的基因缺陷，使 RNA 和蛋白质合成异常，导致机体某些结构与功能障碍，造成的疾病称为分子病。

二、抗生素对蛋白质合成的影响机理

多种抗生素可以作用于从 DNA 复制到蛋白质合成的遗传信息传递的各个环节，阻抑细菌或癌细胞的蛋白质合成，从而发挥药理作用。

（1）影响复制的抗生素 丝裂霉素（自力霉素）、放线菌素 D（更生霉素）、普卡霉素（光辉霉素、光神霉素）、博来霉素（争光霉素）、柔红霉素等通过破坏 DNA 分子的结构，或/与 DNA 结合成复合物，从而破坏 DNA 的模板功能，抑制复制和转录。

（2）影响转录的抗生素 利福霉素及利福平通过抑制转录的起始而达到抑制原核细胞 RNA 合成的目的。对人体 RNA 合成影响较小。

（3）影响翻译的抗生素

① 抑制肽链合成的起始：链霉素、卡那霉素和新霉素等。

② 抑制肽链的延伸：四环素族抗生素、氯霉素、红霉素等。

③ 使肽链的合成提前终止：嘌呤霉素。

（4）干扰素　既能抑制病毒蛋白质合成的启动，同时又能降解外源病毒分子，从而起到抗病毒、抗肿瘤的作用。

【习题练习】

一、选择题

（一）最佳选择题（从四个备选答案中选出一个正确答案）

1. 翻译的含义是指（　　）

A. mRNA 的合成　　B. tRNA 的合成

C. tRNA 运输氨基酸　D. 以 mRNA 为模板合成蛋白质的过程

2. 密码的简并性是指（　　）

A. 一个密码表示一个氨基酸　　　　B. 一个密码可表示多个氨基酸

C. 多数氨基酸可以有好几个密码　　D. 色氨酸只有一个密码

3. 蛋白质生物合成的起始密码是（　　）

A. UAA　　B. UAG　　C. UGA　　D. AUG

4. 蛋白质生物合成中，多肽链的氨基酸序列取决于（　　）

A. tRNA　　B. rRNA　　C. mRNA　　D. 氨基酸种类

5. 下列不是蛋白质生物合成的终止密码子的是（　　）

A. UAA　　B. UAG　　C. UGA　　D. UGG

6. 关于氨基酸密码子的描述错误的是（　　）

A. 密码子第三位碱基决定氨基酸特异性　　B. 密码子阅读是从 $5' \rightarrow 3'$

C. 一种氨基酸可有几组密码子　　　　　　D. 密码子一般无种属特异性

7. 在蛋白质生物合成中转运氨基酸作用的物质是（　　）

A. mRNA　　B. rRNA　　C. hnRNA　　D. tRNA

8. 代表甲硫氨酸的密码子是（　　）

A. AUG　　B. UAG　　C. UGA　　D. UGG

9. 终止密码子从 $5'$-端开始的第一个核苷酸是（　　）

A. U　　B. G　　C. C　　D. A

10. 下列关于反密码子的叙述正确的是（　　）

A. 由 mRNA 中相邻的三个核苷酸组成　　B. 由 tRNA 中相邻的三个核苷酸组成

C. 由 rRNA 中相邻的三个核苷酸组成　　　D. 由 DNA 中相邻的三个核苷酸组成

11. 反密码子中，在密码子阅读中有摆动配对现象的碱基是（　　）

A. 第一个　　B. 第一个和第二个　　C. 第二个　　D. 第三个

12. 根据摆动学说，当一个 tRNA 分子上的反密码子的第一个碱基为次黄嘌呤时，它可以和 mRNA 密码子第三位的几种碱基配对（　　）

A. 1　　B. 2　　C. 3　　D. 4

13. 蛋白质合成时，氨基酸的活化反应是在氨基酸的哪个基团上进行（　　）

A. 烷基　　B. 羧基　　C. 氨基　　D. 羟基

14. 氨基酸活化的特异性取决于（　　）

A. 氨基酸　　B. tRNA　　C. 转肽酶　　D. 氨基酰-tRNA 合成酶

15. 原核生物在蛋白质生物合成中的起始 tRNA 是（　　）

A. 亮氨酸 tRNA　　　　B. 丙氨酸 tRNA

C. 甲硫氨酸 tRNA　　　D. 甲酰蛋氨酸 tRNA

16. 原核生物蛋白质生物合成中肽链延长所需的能量来源于（　　　）

A. CTP　　B. ATP　　C. GTP　　D. UTP

17. 蛋白质生物合成时转肽酶活性位于（　　　）

A. mRNA　　B. tRNA　　C. 核蛋白体小亚基　　D. 核蛋白体大亚基

18. 肽链合成的终止不包括（　　　）

A. 大小亚基的聚合　　　　B. 终止密码的辨认

C. mRNA 从核糖体上分离　　D. 释放因子的参与

19. 蛋白质生物合成时（　　　）

A. tRNA 识别 DNA 上的三联体密码

B. 氨基酸能直接与其特异的三联体密码连接

C. mRNA 上密码子与 tRNA 的反密码子反向配对

D. 核蛋白体从 mRNA 的 5′-端向 3′-端滑动时，相当于蛋白质从 C-端向 N-端延伸

20. 出现在蛋白质分子中，却没有相应遗传密码的氨基酸是（　　　）

A. 苯丙氨酸　　B. 羟脯氨酸　　C. 异亮氨酸　　D. 亮氨酸

21. 镰刀形细胞贫血病人的血红蛋白的氨基酸被取代是由于（　　　）

A. DNA 的核苷酸改变　　B. mRNA 降解

C. tRNA 结构异常　　　　D. rRNA 剪接错误

22. 抑制原核生物的 RNA 聚合酶，通过影响转录来阻抑蛋白质合成的是（　　　）

A. 嘌呤霉素　　B. 氯霉素　　C. 利福霉素　　D. 青霉素

（二）配伍选择题（每题从四个备选项中选出一个最佳答案，备选项可重复选用）

[1～4]

A. DNA　　B. mRNA　　C. tRNA　　D. 核蛋白体

1. 合成蛋白质的模板是（　　　）

2. 合成蛋白质的场所是（　　　）

3. 对大多数生物而言，遗传信息存在于（　　　）

4. 可充当氨基酸"运载工具"的是（　　　）

[5～8]

A. 脯氨酸和赖氨酸　　B. 丝氨酸和苏氨酸　　C. 甲硫氨酸　　D. 甲酰甲硫氨酸

5. 原核生物蛋白质合成的起始氨基酸（　　　）

6. 蛋白质合成后可进行磷酸化修饰的氨基酸（　　　）

7. 蛋白质合成后可进行羟化修饰的氨基酸（　　　）

8. 在真核生物中其对应密码子可作为起始密码子的氨基酸（　　　）

二、填空题

1. RNA 生物合成的方向是_____；多肽链合成的方向是_____。

2. 转录产物是_____，翻译产物是_____。

3. 核蛋白体循环可分为_____、延伸和_____三个阶段。

4. 密码子 AUG 除代表_____外，还兼做多肽链合成的启动信号，故又被称为_____。

5. 反密码子中第一位碱基常出现 I，它与密码子中的_____、_____和_____均可形成氢键结合，即摆动配对。

6. 核蛋白体由_____和_____两个亚基组成，主要成分是多种蛋白质和_____。

7. 氨基酸活化时，由_____催化，可使每个氨基酸和它相对应的 tRNA 分子相偶联形成_____。

8. 真核核糖体上有两个结合 tRNA 的位点，分别称为_____和_____。

9. 延伸阶段新生肽链每增长一个氨基酸单位都要经过_____、_____和_____三步反应。

10. _____因子能识别_____密码子，并结合到 A 位，使多肽链合成终止。

三、判断题

1. （　　）密码中的第三个核苷酸与反密码中的第一个核苷酸碱基配对时不完全互补，称之为摆动配对。

2. （　　）tRNA 转运氨基酸是有特异性的，故一种氨基酸只能由一种 tRNA 来转运。

3. （　　）转肽酶是将核蛋白体大亚基 P 位上的氨基酰 tRNA 的氨酰基转移到 A 位的肽酰 tRNA 的肽酰基上，结合成肽键，使肽链延长。

4. （　　）蛋白质与 DNA 分子一样合成后不需任何加工修饰就有功能活性。

5. （　　）DNA 可作为模板合成 RNA 分子，RNA 可作为模板合成蛋白质，蛋白质也可作为模板合成 RNA，然后 RNA 作为模板合成 DNA 分子。

6. （　　）在蛋白质合成中起始合成时，起始 tRNA 结合到核糖体的 A 位。

四、名词解释

1. 翻译
2. 密码子
3. 移码突变
4. 反密码子
5. 广义的核蛋白体循环
6. 分子病

五、问答题

1. 简述三种 RNA 在蛋白质生物合成中的作用。
2. 简述密码子的特点。
3. 简述核蛋白体循环的主要过程。
4. 试从模板、原料、酶、产物及特点等方面比较复制、转录、翻译三者的异同。
5. 列举出几种常见的蛋白质加工方式。

第十四章 基因工程与PCR

【内容精讲】

第一节 基因工程

一、基因工程基本概念

1. 克隆与克隆化

克隆就是来自同一母本的所有副本或拷贝的集合；克隆化指获取同一拷贝的过程。

2. 基因工程

基因工程是指利用基因重组技术将目的基因插入载体，形成具有自我复制能力的重组DNA分子，继而转入宿主细胞并稳定存在，使宿主细胞产生人们需要的外源DNA或蛋白质分子。

3. 目的基因

基因工程研究中，研究者感兴趣的基因或特定的DNA序列。

4. 限制性核酸内切酶

（1）概念 可以识别DNA双链内部的特异序列并在特定位置进行切割的核酸水解酶称为限制性核酸内切酶。

（2）分类 限制性内切酶分为Ⅰ、Ⅱ、Ⅲ三种类型，基因工程中常用的限制性核酸内切酶为Ⅱ型酶。

（3）作用特点 识别的核苷酸序列通常是4～6个碱基对，大多数识别序列呈回文结构，在此特异的识别位点切断双链DNA，产生黏性末端或平头末端。例如 Eco RⅠ的切割位点：

$$
\downarrow
$$
$$
5'\text{-GAATTC-}3'
$$
$$
3'\text{-CTTAAG-}5'
$$
$$
\uparrow
$$

5. 基因载体

可携带目的基因（外源性DNA）进入宿主细胞进行扩增或最终表达为蛋白质的特定DNA分子。

（1）作为载体的基本条件 ①在宿主细胞中可独立地进行复制，插入外源DNA后不影响复制；②易于鉴定、筛选，如利用抗药性；③易于进入宿主细胞。

（2）常用的载体 质粒、噬菌体、病毒。

6. 基因转移

基因转移是指将体外目的基因和载体形成的重组DNA导入宿主细胞中的过程，常用的方法有转化、转染、感染。

二、基因工程主要步骤

① 目的基因的获取：有化学合成法、基因组文库法、cDNA文库法、聚合酶链式反应（PCR）法等。

② 载体的制备：根据需要使用特定的限制性内切酶对载体进行切割。

③ 目的基因与载体连接构建 DNA 重组体。

④ 重组 DNA 导入宿主细胞。

⑤ 筛选含有重组体 DNA 的细胞。

⑥ 提取得到大量同一的 DNA 或进行目的基因的表达得到大量同一的蛋白质。

以上过程可简单概括为"分、切、接、转、筛、达"几步骤。

三、基因工程在医学中的应用

①生命基本问题的研究；②疾病发生机制的阐明；③疾病诊断的改进；④基因工程药物的开发；⑤基因治疗的临床应用。

第二节　聚合酶链式反应（PCR）

一、聚合酶链式反应（PCR）的概念

聚合酶链式反应即体外快速扩增 DNA 的技术。该技术应用 DNA 变性、复性及复制的原理，在有模板 DNA、特异引物、四种 dNTP 及耐热的 DNA 聚合酶存在的条件下，经反复变性、退火及延伸循环在体外快速合成 DNA 分子。

二、PCR 的工作原理

1. PCR 的反应体系

① 模板 DNA：待扩增的 DNA 分子。

② 特异引物：一对分别与模板 DNA 两条链的 $3'$-端相互补的寡核苷酸片段。

③ 原料：四种 dNTP。

④ 耐热的 DNA 聚合酶：如 Taq DNA 聚合酶。

⑤ 含有 Mg^{2+} 的缓冲液。

2. PCR 的基本反应步骤

（1）变性　通过升高温度（一般为 95℃）使模板 DNA 双链打开变成单链。

（2）退火　将温度降至适宜温度（一般为引物 T_m 值 -5℃），使引物与模板 DNA 结合。

（3）延伸　将温度升至 72℃，DNA 聚合酶以 dNTP 为原料合成新的 DNA 链。

以上三个步骤为一个循环，新合成的 DNA 分子可作为模板，参与下一个循环反应。经过 25～30 个循环，处于两条引物间的特定 DNA 片段可被扩增 100 万倍左右。

三、PCR 技术的应用

①目的基因的克隆；②基因的体外突变；③DNA 的微量分析；④基因诊断；⑤法医鉴定。

【习题练习】

一、选择题

（一）最佳选择题（从四个备选答案中选出一个正确答案）

1. 下列不属于基因工程常用载体的是（　　）

A. 病毒　　B. 质粒　　C. 噬菌体　　D. 细菌

2. 作为目的基因载体的基本条件是（　　）

A. 分子量大　　　B. 可以独立复制

C. 没有抗药性　　D. 不能被限制性内切酶切割

3. 限制性内切酶的识别位点一般是（　　）

A. 不重复的序列　　　　　B. 简单重复的序列
C. 具有回文结构的序列　　D. 相同碱基排列的序列

4. 在已知序列的情况下获得目的 DNA 最常用的方法是（　　）
A. 聚合酶链式反应　　　B. 筛选基因组文库
C. 筛选 cDNA 文库　　　D. 化学合成法

5. 基因工程中常用的质粒 DNA 是（　　）
A. 细菌染色体 DNA 的一部分　　B. 细菌染色体外的独立遗传单位
C. 病毒基因组 DNA 的一部分　　D. 真核细胞染色体 DNA 的一部分

6. 关于基因工程的叙述，错误的是（　　）
A. 也称重组 DNA 技术　　B. 属于生物技术工程
C. 需要目的基因　　　　　　D. 只有质粒 DNA 能被用作载体

7. 基因转移的方法有（　　）
A. 感染　　B. 转染　　C. 转化　　D. 以上都是

8. 基因克隆的操作程序可简单地概括为（　　）
A. 载体和目的基因的分离、提纯与鉴定
B. 分、切、接、转、筛
C. 将重组体导入宿主细胞，筛选出含目的基因的菌株
D. 将载体和目的基因接合成重组体

9. PCR 技术的工作原理不包括（　　）
A. 半保留复制　　B. DNA 变性　　C. 半不连续复制　　D. DNA 复性

10. 催化常规 PCR 的酶是（　　）
A. RNA 聚合酶　　B. DNA 聚合酶　　C. Taq DNA 聚合酶　　D. 逆转录酶

11. Taq DNA 聚合酶活性需要的离子是（　　）
A. K^+　　B. Mg^{2+}　　C. Na^+　　D. Ca^{2+}

12. 下列有关 PCR 的描述错误的是（　　）
A. 每一循环要经过变性→退火→延伸三个过程
B. 变性温度常用 95℃
C. 退火温度一般较引物 T_m 值低 25℃
D. Taq 酶最适延伸温度为 72℃

13. 下列有关常规 PCR 引物的描述正确的是（　　）
A. 是一条单链 DNA 片段
B. 是一条单链 RNA 片段
C. 是一对与模板 DNA 分子的一条链相互补的 DNA 片段
D. 是一对分别与模板 DNA 的两条链相互补的 DNA 片段

14. PCR 的产物是（　　）
A. 单一的目的片段
B. 与模板完全相同的 DNA 分子的拷贝占绝大多数
C. 两条引物间的特定 DNA 片段的拷贝占绝大多数
D. B 和 C 各占一半

15. 关于 PCR 循环数的描述正确的是（　　）
A. 仅数个循环即可　　　　B. 一般为 25～30 个循环
C. 一般是 35～50 个循环　D. 循环数无限，越多越好

16. PCR 技术可用于（　　）

A. 基因克隆　　　B. 基因诊断　　　C. 法医鉴定　　　D. 以上都可以

17. PCR 实验的特异性主要取决于（　　）

A. 反应体系中模板 DNA 的量　　　B. 引物的特异性

C. 四种 dNTP 的浓度　　　　　　　D. 循环周期的次数

18. 下列关于 PCR 退火的描述正确的是（　　）

A. 退火使模板自身复性　　　　B. 退火温度越高越好

C. 退火使引物自身复性　　　　D. 退火使引物与模板复性

19. PCR 反应的原料是（　　）

A. dATP、dGTP、dCTP、dTTP　　　B. dUTP、dGTP、dCTP、dTTP

C. ATP、GTP、CTP、TTP　　　　　　D. UTP、GTP、CTP、TTP

20. PCR 技术的缺点在于（　　）

A. 灵敏度低　　　　　B. 产率低

C. 易出现假阳性　　　D. 特异性低

（二）配伍选择题（每题从四个备选项中选出一个最佳答案，备选项可重复选用）

[1～2]

A. 依赖 DNA 的 RNA 酶　　　B. 依赖 DNA 的 DNA 酶

C. 限制性内切酶　　　　　　　D. 依赖 RNA 的 DNA 酶

1. PCR 使用的酶是（　　　）

2. 识别特异的 DNA 序列并切割的酶是（　　　）

[3～5]

A. "分"　　　B. "切"　　　C. "接"　　　D. "转"

3. 基因工程中构建重组 DNA 简称为（　　　）

4. 获取目的基因简称为（　　　）

5. 将重组 DNA 导入宿主细胞简称为（　　）

二、填空题

1. 研究者感兴趣的外源基因称为_____，离开染色体不能复制，将它与_____连接，构建成重组 DNA 分子，外源基因则可被复制。

2. 限制性内切酶切割双链 DNA 后可产生两种末端，分别是_____和_____。

3. 将重组 DNA 分子导入宿主细胞的方法有_____、_____和_____。

4. 获取目的基因的方法有_____、_____、_____和_____。

5. 重组 DNA 分子的构建是靠_____将目的基因与载体连接。

6. PCR 的反应体系包括_____、_____、_____、_____和_____。

7. PCR 引物是一对分别与模板 DNA 两条链的_____端相互补的寡核苷酸片段，其化学本质是_____。

8. PCR 反应的基本过程包括_____、_____和_____三个阶段。

9. PCR 反应中，引物与模板的退火温度一般为_____，延伸温度一般为_____。

三、判断题

1. （　　）PCR 技术中所用的引物就是与模板 DNA 互补的一小段 RNA 分子。

2. （　　）已知某一限制性内切酶在一环形 DNA 上有 2 个切点，因此，用此酶切割该环状 DNA，可得到 2 个片段。

3. （　　）基因载体在宿主细胞中可独立地进行复制，插入外源 DNA 后不影响载体自身复制。

4. （　　）PCR 扩增的产物是模板 DNA 全长的上百万个复制品。

5. （　　）限制性内切酶作用的化学键是 3',5'-磷酸二酯键。

四、名词解释

1. 克隆与克隆化
2. 基因工程
3. 目的基因
4. 基因载体
5. 聚合酶链式反应（PCR）

五、问答题

1. 简述基因工程的主要步骤。
2. 简述 PCR 的原理及过程。

综合测试题一

一、选择题

（一）最佳选择题（从四个备选答案中选出一个正确答案。1~50题，每题1分，共50分）

1. 关于氨基酸及蛋白质的叙述，正确的是（　　）

A. 构成蛋白质的20种氨基酸全部属于L-α-氨基酸

B. 任何天然蛋白质均具有一、二、三、四级结构

C. 蛋白质发生轻度变性时，在适合条件下可以复性

D. 蛋白质发生变性时，肽键断裂、空间结构破坏

2. 下列氨基酸中不属于碱性氨基酸的是（　　）

A. 精氨酸　　B. 谷氨酸　　C. 赖氨酸　　D. 组氨酸

3. 侧链R基团上没有—OH的氨基酸是（　　）

A. 半胱氨酸　　B. 丝氨酸　　C. 苏氨酸　　D. 酪氨酸

4. 关于蛋白质的变性、沉淀及凝固的关系，不正确的是（　　）

A. 变性蛋白质不一定发生沉淀　　B. 沉淀的蛋白质不一定变性

C. 凝固是一种严重的变性　　D. 变性绝不会可逆

5. 蛋白质分子α-螺旋结构的特点不包括（　　）

A. 右手螺旋、侧链在外　　B. 螺距0.54nm、氢键维系

C. 脯氨酸残基妨碍α-螺旋的形成　　D. 是比较伸展的锯齿状结构

6. DNA和RNA共有的成分是（　　）

A. D-核糖　　B. D-2-脱氧核糖

C. 鸟嘌呤　　D. 尿嘧啶

7. 核酸具有强烈的紫外吸收，其最大吸收值是在（　　）

A. 200nm　　B. 260nm　　C. 280nm　　D. 360nm

8. DNA变性是指（　　）

A. 双股DNA解链成单股DNA　　B. 单股DNA恢复成双股DNA

C. 50% DNA变性时的温度　　D. OD_{280}增高

9. 下列核酸分子中，具有三叶草形结构的是（　　）

A. DNA　　B. mRNA　　C. tRNA　　D. rRNA

10. 辅酶A中含有的维生素是（　　）

A. 硫胺素　　B. 核黄素　　C. 尼克酰胺　　D. 泛酸

11. 下列参数中属于酶的特征性常数的是（　　）

A. 最适温度　　B. 米氏常数（K_m）

C. 最适pH　　D. 等电点（pI）

12. 酶共价修饰调节中最重要最常见的方式是（　　）

A. 磷酸化修饰　　B. 乙酰化修饰　　C. 甲基化修饰　　D. 腺苷化修饰

13. 关于酶的叙述，不正确的是（　　）

A. 已知的酶中绝大多数化学本质是蛋白质

B. 酶蛋白与辅助因子单独存在时无活性

C. 酶可降低反应活化能

D. 酶由活细胞合成，一旦离开活细胞便不表现活性

14. 酶的作用特点不包括（　　　）

A. 降低反应的活化能 　　　　　B. 高效率及高专一性

C. 加速反应并改变反应平衡点 　D. 作用条件温和并具易变性

15. 辅酶是（　　　）

A. 一类小分子化合物 　　　　　B. 酶与底物的复合物

C. 参加酶促反应的维生素 　　　D. 酶催化活性所必需的小分子有机化合物

16. 同工酶（　　　）

A. 催化的化学反应相同 　　　　B. 催化的化学反应不同

C. 酶蛋白的结构、性质相同 　　D. 其电泳行为相同

17. 酶受非竞争性抑制时，动力学参数为（　　　）

A. $K_m \uparrow$, V_m 不变 　　B. $K_m \downarrow$, $V_m \downarrow$

C. K_m 不变, $V_m \downarrow$ 　　D. $K_m \downarrow$, V_m 不变

18. 下列物质中不属于高能化合物的是（　　　）

A. 磷酸肌酸（CP） 　　　　　　B. 磷酸烯醇式丙酮酸（PEP）

C. 1,6-二磷酸果糖 　　　　　　D. 1,3-二磷酸甘油酸

19. 三羧酸循环中的关键酶不包括（　　　）

A. 柠檬酸合成酶 　　　　　　　B. 异柠檬酸脱氢酶

C. α-酮戊二酸脱氢酶复合体 　D. 丙酮酸脱氢酶复合体

20. 下列代谢过程中，终产物是丙酮酸的是（　　　）

A. 磷酸戊糖途径 　　B. 糖有氧氧化 　　C. 糖酵解 　　D. 糖酵解途径

21. 糖酵解与糖酵解途径共同的限速酶（关键酶）不包括（　　　）

A. 己糖激酶 　　B. 甘油磷酸激酶 　　C. 磷酸果糖激酶 　　D. 丙酮酸激酶

22. 肌肉不能进行糖异生及糖原分解补充血糖，是因为缺乏（　　　）

A. 6-磷酸葡萄糖脱氢酶 　　B. 葡萄糖-6-磷酸酶

C. 磷酸化酶 　　　　　　　D. 糖原合成酶

23. 关于糖代谢的叙述，正确的是（　　　）

A. 糖原合成与糖原分解互为逆过程

B. 肝脏、肌肉是体内储存糖原及进行糖异生的主要部位

C. 糖酵解及糖有氧氧化的第一阶段均是"糖酵解途径"

D. 糖酵解中 ATP 生成方式是电子传递水平磷酸化

24. 关于糖异生的叙述，正确的是（　　　）

A. 糖异生原料包括甘油、乳酸、乙酰 CoA 等

B. 糖异生过程生成 ATP 不多

C. 肌肉因缺乏 6-磷酸葡萄糖脱氢酶而不能进行糖异生补充血糖

D. 糖异生过程基本上是糖酵解途径的逆向反应

25. 琥珀酸呼吸链的排列顺序是（　　　）

A. $FMNH_2 \rightarrow CoQ \rightarrow Cytb \rightarrow Cytc_1 \rightarrow Cytc \rightarrow Cytaa_3 \rightarrow O_2$

B. $FMNH_2 \rightarrow CoQ \rightarrow Cytb \rightarrow Cytc_1 \rightarrow Cytc \rightarrow Cytaa_3 \rightarrow O_2$

C. $FADH_2 \rightarrow CoQ \rightarrow Cytb \rightarrow Cytc_1 \rightarrow Cytc \rightarrow Cytaa_3 \rightarrow O_2$

D. $FADH_2 \rightarrow NAD \rightarrow CoQ \rightarrow Cytb \rightarrow Cytc_1 \rightarrow Cytc \rightarrow Cytaa_3 \rightarrow O_2$

26. 电子传递链及氧化磷酸化的细胞内定位是（　　　）

A. 胞液中 　　B. 线粒体外膜上 　　C. 线粒体基质 　　D. 线粒体内膜上

27. 下列呼吸链组分中，不属于"单电子递体"的是（　　）

A. 铁硫蛋白（Fe-S）　　　B. 细胞色素　　　C. 泛醌（CoQ）　　　D. 细胞色素氧化酶

28. 人体必需脂肪酸不包括（　　）

A. 软脂酸　　　B. 亚油酸　　　C. 亚麻酸　　　D. 花生四烯酸

29. 体内胆固醇的生理功用不包括（　　）

A. 氧化供能　　　　　　　　B. 参与构成生物膜

C. 转化生成类固醇激素　　　D. 转化为胆汁酸及维生素 D_3

30. 逆向转运胆固醇（肝外到肝）的脂蛋白是（　　）

A. HDL　　　B. CM　　　C. VLDL　　　D. LDL

31. 脂肪酸 β-氧化的反应过程为（　　）

A. 脱氢、加水、脱氢、水解　　　B. 脱氢、加水、脱氢、磷酸解

C. 脱氢、加水、脱氢、硫解　　　D. 脱氢、硫解、脱氢、脱水

32. 合成甘油三酯所需要的 α-磷酸甘油主要来源于下列哪种糖代谢的中间产物（加氢转变为 α-磷酸甘油）（　　）

A. 丙酮酸　　　B. 1,3-二磷酸甘油酸　　　C. 3-磷酸甘油酸　　　D. 磷酸二羟丙酮

33. 关于酮症酸中毒的叙述，不正确的是（　　）

A. 由于酮体生成过多、超过肝外利用能力而引起

B. 胰岛素促进酮体的生成，故严重糖尿病者可发生酮症酸中毒

C. 酮体中的 β-羟丁酸及乙酰乙酸是酸性物质，可引起血 pH 下降

D. 严重的饥饿也可引起酮症酸中毒

34. 关于脂类代谢的描述，错误的是（　　）

A. 肝、骨骼肌、心肌中的脂肪水解不属于脂肪动员之列

B. 脂酰基氧化分解的主要形式是 β-氧化

C. 肝中脂肪酸 β-氧化生成的乙酰 CoA 主要用于生成酮体

D. 人类不能利用奇数碳的脂肪酸氧化供能

35. 体内最重要的脱氨基作用是（　　）

A. 转氨基作用　　　　　　B. 氧化脱氨基作用

C. 联合脱氨基作用　　　　D. 非氧化脱氨基作用

36. 肌肉中氨基酸脱氨基的主要方式是（　　）

A. 氧化脱氨基作用　　　B. 嘌呤核苷酸循环

C. 转氨基作用　　　　　D. 一般联合脱氨基作用

37. 脑中 γ-氨基丁酸是由以下哪一代谢物产生的（　　）

A. 天冬氨酸　　　B. 谷氨酸　　　C. α-酮戊二酸　　　D. 草酰乙酸

38. 一碳单位不包括（　　）

A. 二氧化碳（CO_2）　　　　　B. 亚氨甲基（—CH＝NH）

C. 甲酰基（—CHO）　　　　　D. 甲炔基（—CH＝）

39. 蛋白质的生理价值的高低主要取决于（　　）

A. 氨基酸的种类　　　　　　　　B. 氨基酸的数量

C. 必需氨基酸的种类、数量及比例　　D. 必需氨基酸的数量

40. 活性甲基供体是（　　）

A. S-腺苷同型半胱氨酸　　　B. S-腺苷蛋氨酸

C. 同型半胱氨酸　　　　　　D. 蛋氨酸

41. 体内氨的储存及运输形式是（　　）

A. 天冬酰胺　　B. 天冬氨酸　　C. 谷氨酸　　D. 谷氨酰胺

42. 氨中毒引起肝昏迷，主要是由于氨损伤了哪种组织的功能（　　）

A. 肝　　B. 肾　　C. 脑　　D. 心肌

43. 下列物质中，不属于嘌呤合成原料的是（　　）

A. 天冬氨酸　　B. 谷氨酸　　C. 谷氨酰胺　　D. 一碳单位

44. 脱氧核糖核苷酸生成的方式是（　　）

A. 在一磷酸核苷水平上还原　　B. 在二磷酸核苷水平上还原
C. 在三磷酸核苷水平上还原　　D. 在核苷水平上还原

45. 人类排泄的嘌呤代谢的终产物是（　　）

A. 尿素　　B. $CO_2 + H_2O + NH_3$　　C. 尿酸　　D. 肌酸

46. 下列有关 DNA 复制的叙述，错误的是（　　）

A. 有 DNA 指导的 RNA 聚合酶参加　　B. 有 RNA 指导的 DNA 聚合酶参加
C. 有 DNA 指导的 DNA 聚合酶参加　　D. 是半保留复制

47. 蛋白质生物合成的起始密码是（　　）

A. UAA　　B. AUG　　C. UAG　　D. AGU

48. 模板顺序为 5′-UCCGA-3′，在逆转录酶催化下合成的新链为（　　）

A. 5′-AGGCU-3′　　B. 5′-AGGCT-3′
C. 5′-TCGGA-3′　　D. 5′-UCGGA-3′

49. 下列叙述中，不正确的是（　　）

A. DNA 复制是半保留复制、也是双向复制
B. 蛋白质生物合成的中心环节是"核糖体循环"
C. 转录的特点是不对称转录
D. DNA 复制中前导链与滞后链均连续复制

50. 遗传密码的简并性是指（　　）

A. 密码中有稀有碱基　　　　　　B. 一个氨基酸可以有一个以上的密码
C. 一个密码可以代表几种氨基酸　　D. 起始密码也具有终止密码的作用

（二）配伍选择题（每题从四个备选项中选出一个最佳答案，备选项可重复选用。51～56 题，每题 1 分，共 6 分）

[51～53]

A. 转一碳单位作用　　B. 转氨基作用
C. 固定 CO_2 作用　　D. 递氢作用

51. NAD^+ 作为辅酶参与（　　）

52. 四氢叶酸作为辅酶参与（　　）

53. 生物素作为辅酶参与（　　）

[54～56]

A. 尿素　　B. 尿酸　　C. 核苷酸　　D. β-氨基异丁酸

54. 体内蛋白质分解代谢的最终产物之一是（　　）

55. 体内嘌呤核苷酸分解代谢的终产物之一是（　　）

56. 体内嘧啶核苷酸分解代谢的终产物之一是（　　）

二、填空题（每空 0.5 分，共 8 分）

1. 糖酵解的限速酶有_____、_____和_____。

2. DNA 的合成方向是_____，RNA 的转录方向是_____，蛋白质合成方向是_____。

3. 磷酸戊糖途径的生理意义是_____和_____。

4. 酶促反应的特点是_____、_____、_____和_____。

5. 写出乙酰辅酶A的四个来源：_____、_____、_____和_____。

三、名词解释（1~5题，每题3分，共15分）

1. 不对称转录

2. 同工酶

3. 尿素循环

4. 糖异生

5. 半保留复制

四、简答题（1~3题，共21分）

1. 酮体在什么器官生成？如何生成？有何意义？（7分）

2. 简述体内氨基酸的代谢动态。（6分）

3. 试就以下各点比较复制、转录和翻译三个过程的异同点。（8分）

(1) 原料

(2) 模板

(3) 产物

(4) 主要的酶和因子

(5) 方向性

综合测试题二

一、选择题

（一）最佳选择题（从四个备选答案中选出一个正确答案。1~50题，每题1分，共50分）

1. 下列氨基酸能形成二硫键的是（　　　）

A. 天冬氨酸　　B. 丝氨酸　　C. 酪氨酸　　D. 半胱氨酸

2. 蛋白质中含量最稳定的元素是（　　　）

A. N　　B. C　　C. O　　D. S

3. 组成蛋白质的氨基酸基本构型是（　　　）

A. L-α　　B. D-α　　C. L-β　　D. D-β

4. 不属于蛋白质的二级结构的是（　　　）

A. α-螺旋　　B. 结构域　　C. β-转角　　D. 无规则卷曲

5. 下列氨基酸属于α-螺旋破坏者的是（　　　）

A. 脯氨酸　　B. 丙氨酸　　C. 酪氨酸　　D. 谷氨酸

6. 可以通过紫外分光光度法蛋白质溶液进行定量是因为（　　　）

A. 蛋白质溶液是胶体　　　　　　B. 蛋白质分子量比较大

C. 蛋白质含有芳香族氨基酸　　　　D. 蛋白质溶液可以发生两性解离

7. 核酸中核苷酸之间连接方式是（　　　）

A. 磷酸酯键　　B. $2',5'$-磷酸二酯键　　C. $3',5'$-磷酸二酯键　　D. 3,5-磷酸二酯键

8. 下列RNA分子有帽子和尾巴结构的是（　　　）

A. hnRNA　　B. mRNA　　C. tRNA　　D. rRNA

9. DNA和RNA彻底水解后的产物（　　　）

A. 核糖相同，部分碱基不同　　　　B. 碱基相同，核糖不同

C. 部分碱基不同，核糖不同　　　　D. 碱基不同，核糖相同

10. DNA合成需要的原料是（　　　）

A. ATP、CTP、GTP、TTP　　　　B. ATP、CTP、GTP、UTP

C. dATP、dGTP、dCTP、dUTP　　D. dATP、dGTP、dCTP、dTTP

11. 核酸变性后，可发生的效应是（　　　）

A. 减色效应　　　　　　　　　　B. 增色效应

C. 失去对紫外线的吸收能力　　　　D. 最大吸收峰波长发生转移

12. 酶的 K_m 值大小与（　　　）

A. 底物浓度有关　　B. 酶浓度有关　　C. 反应速度有关　　D. 酶性质有关

13. 下列有关酶的论述错误的是（　　　）

A. 酶有高度的特异性　　B. 酶有高度的催化效率

C. 酶有高度的不稳定性　　D. 酶能催化热力学上不可能进行的反应

14. 下列维生素可以作为脱氢酶辅酶的是（　　　）

A. 维生素 B_1（硫胺素）　　　　B. 维生素 B_2（核黄素）

C. 维生素 B_6（磷酸吡哆醛）　　D. 维生素 B_{12}（钴胺素）

15. 糖异生的关键酶不包括（　　　）

A. 丙酮酸羧化酶　　　　　　　　B. 磷酸烯醇式丙酮酸羧激酶

C. 果糖二磷酸酶　　　　　　　D. 葡萄糖-6-磷酸酶

16. 肌肉不能通过糖异生及糖原分解来直接补充血糖，是因为缺乏（　　）

A. 6-磷酸葡萄糖脱氢酶　　　B. 葡萄糖-6-磷酸酶

C. 葡萄糖激酶　　　　　　　D. α-磷酸甘油脱氢酶

17. 1分子葡萄糖进行有氧氧化可净生成的ATP分子数是（　　）

A. 2或3　　　B. 16或18　　　C. 36或38　　　D. 37或39

18. 1分子乙酰CoA进行彻底有氧氧化，要经过的脱氢反应次数是（　　）

A. 3　　　B. 2　　　C. 1　　　D. 4

19. 糖原合成时活性的葡萄糖供体是（　　）

A. ATPG　　　B. UDPG　　　C. CTPG　　　D. GTPG

20. 三羧酸循环的第一步反应产物是（　　）

A. 柠檬酸　　　B. 草酰乙酸　　　C. 乙酰CoA　　　D. 异柠檬酸

21. 糖原分解的关键酶是（　　）

A. 糖原合成酶　　　B. 糖原分解酶　　　C. 磷酸化酶　　　D. 分支酶

22. 糖酵解的终产物是（　　）

A. 糖原　　　B. 能量　　　C. 水　　　D. 乳酸

23. NADH呼吸链和FAD呼吸链分别能产生的ATP数为（　　）

A. NADH：3；FAD：2　　　B. NADH：2；FAD：3

C. NADH：1；FAD：2　　　D. NADH：2；FAD：1

24. 下列属于呼吸链解偶联剂的是（　　）

A. 2,4-二硝基苯酚　　　B. CO　　　C. NO　　　D. CN^-

25. 能把电子直接传递给氧的细胞色素是（　　）

A. $Cytaa_3$　　　B. Cytc　　　C. $Cytc_1$　　　D. Cytb

26. 关于氧化磷酸化的叙述，不正确的是（　　）

A. 氧化磷酸化又称偶联磷酸化

B. 氧化磷酸化是体内产生ATP的主要途径

C. 底物水平磷酸化是体内产生ATP的主要途径

D. 氧化磷酸化发生在线粒体

27. 下列化合物中哪个不是电子传递链的成员（　　）

A. CoQ　　　B. CytC　　　C. NAD^+　　　D. 肉毒碱

28. 一分子16碳的饱和脂肪酸在体内彻底氧化时，净生成的ATP分子数是（　　）

A. 131　　　B. 129　　　C. 148　　　D. 146

29. 脂肪酸合成的限速酶是（　　）

A. HMGCoA合成酶　　　　　　　B. HMGCoA还原酶

C. α-磷酸甘油酯酰基转移酶　　　D. 乙酰CoA羧化酶

30. 胆固醇合成的关键酶是（　　）

A. HMGCoA合成酶　　　B. HMGCoA还原酶

C. HMGCoA裂解酶　　　D. 乙酰羧化酶

31. 下列物质不属于酮体的是（　　）

A. 丙酮酸　　　B. 丙酮　　　C. 乙酰乙酸　　　D. β-羟丁酸

32. 能够运输脂酰CoA到线粒体的是（　　）

A. CoQ　　　B. CytC　　　C. NAD^+　　　D. 肉毒碱

33. 调节脂肪组织内脂肪动员的关键酶是（　　）

A. 甘油一酯脂肪酶　　　B. 甘油二酯脂肪酶
C. 甘油三酯脂肪酶　　　D. 脂蛋白脂肪酶

34. 脂肪酸 β-氧化的反应过程为（　　）
A. 脱氢、加水、脱氢、水解　　　　B. 脱氢、加水、脱氢、磷酸解
C. 脱氢、加水、脱氢、硫解　　　　D. 脱氢、硫解、脱氢、脱水

35. 脂肪酸 β-氧化、酮体利用及胆固醇的合成过程中共同的中间代谢物为（　　）
A. 乙酰乙酰 CoA　　　B. 乙酰乙酸　　　C. HMGCoA　　　D. 乙酰 CoA

36. 从肝外组织转运胆固醇至肝脏的脂蛋白为（　　）
A. CM　　　B. VLDL　　　C. LDL　　　D. HDL

37. 在心肌和骨骼肌组织中多种氨基酸脱氨基作用的主要方式是（　　）
A. 转氨基作用　　　　　　　　　B. 氧化脱氨基作用
C. 转氨酶和谷氨酸脱氢酶联合催化　　D. 嘌呤核苷酸循环

38. 心肌梗死患者血清中活性升高的转氨酶是（　　）
A. GPT　　　B. GOT　　　C. A 和 C　　　D. A 或者 C

39. 白化病是因为先天性缺乏（　　）
A. 酪氨酸酶　　　　　　B. 酪氨酸羟化酶
C. 酪氨酸激酶　　　　　D. 苯丙氨酸羟化酶

40. 氨在体内的主要储存和运输形式是（　　）
A. 尿素　　　B. 谷氨酰胺　　　C. 谷氨酸　　　D. 天冬氨酸

41. 合成嘧啶环不需要（　　）
A. 天冬氨酸　　　B. CO_2　　　C. 谷氨酰胺　　　D. 一碳单位

42. 嘌呤分解的终产物是（　　）
A. CO_2　　　B. NH_3　　　C. 尿酸　　　D. β-氨基酸

43. 脱氧核糖核苷酸生成的方式是（　　）
A. 在一磷酸核苷水平上还原　　　B. 在二磷酸核苷水平上还原
C. 在三磷酸核苷水平上还原　　　D. 在核苷水平上还原

44. 复制是指（　　）
A. 以 DNA 为模板合成 DNA　　　B. 以 DNA 为模板合成 RNA
C. 以 RNA 为模板合成 DNA　　　D. 以 RNA 为模板合成蛋白质

45. DNA 模板的顺序为 5′-ATTCGA-3′，其复制产物是（　　）
A. 5′-TAAGCT-3′　　　B. 5′-UAAGCU-3′
C. 5′-TCGAAT-3′　　　D. 5′-UCGAAU-3′

46. DNA 复制的方向是（　　）
A. 一条链是 5′→3′，另一条链是 3′→5′　　　B. 两条链都是 5′→3′
C. 两条链都是 3′→5′　　　D. 前导链是 5′→3′，随从链是 3′→5′

47. 原核生物识别转录起始点的是（　　）
A. DnaB 蛋白　　　B. σ 因子　　　C. 核心酶　　　D. RNA 聚合酶的 α 亚基

48. 翻译的含义是指（　　）
A. mRNA 的合成　　　　　　B. tRNA 的合成
C. 以 mRNA 为模板合成蛋白质　　　D. tRNA 运输氨基酸

49. 蛋白质分子中氨基酸的排列顺序的决定因素是（　　）
A. 氨基酸的种类　　　B. tRNA
C. 转肽酶　　　　　　D. mRNA 分子中单核苷酸的排列顺序

50. 在蛋白质合成中不消耗高能键的步骤是 （　　　）

A. 氨基酰-tRNA 活化　　　B. 进位　　　C. 转位　　　D. 成肽

（二）配伍选择题（每题从四个备选项中选出一个最佳答案，备选项可重复选用。51～56 题，每题 1 分，共 6 分）

[51～53]

A. 丙酮酸脱氢酶复合体

B. 6-磷酸葡萄糖脱氢酶

C. 甘油三酯脂肪酶

D. 丙酮酸羧化酶

51. 糖异生关键酶有 （　　　）

52. 脂肪动员关键酶是 （　　　）

53. 糖有氧氧化关键酶有 （　　　）

[54～56]

A. NTP　　　B. dNTP　　　C. NMP　　　D. dNMP

54. 转录的原料是 （　　　）

55. RNA 的基本结构单位是 （　　　）

56. 复制的原料是 （　　　）

二、填空题（1～6 题，每空 0.5 分，共 6 分）

1. 体内两种重要的环化核苷酸是_____和_____。

2. 磷酸戊糖途径的细胞内定位是_____。

3. 体内 ATP 生成的方式有_____和_____。

4. 酮体包括_____、_____和_____。

5. 在嘌呤核苷酸合成过程中，机体先合成_____，然后再转变成 GMP 和 AMP。

6. 血氨的来源包括_____、_____和_____。

三、名词解释（1～6 题，每题 3 分，共 18 分）

1. 同工酶

2. 糖异生

3. 脂肪动员

4. 一碳单位

5. 半保留复制

6. P/O 比值

四、简答题（1～3 题，共 20 分）

1. 试述蛋白质变性的概念、引起变性的因素及变性的实质。（6 分）

2. 比较当酶分别在竞争性抑制剂、非竞争性抑制剂及反竞争性抑制剂存在时其对应 K_m 与 V_m 的变化情况。（6 分）

3. 从原料、模板、酶、产物四个方面比较转录和逆转录。（8 分）

参 考 答 案

第一章 蛋白质化学

一、选择题

(一) 最佳选择题

1. A 2. A 3. C 4. C 5. D 6. B 7. C 8. B 9. B 10. A 11. C 12. B 13. D 14. D 15. B 16. C 17. D 18. C 19. C 20. D 21. A

(二) 配伍选择题

1. B 2. C 3. A 4. C 5. A 6. B 7. D

二、填空题

1. 非极性或疏水性氨基酸；极性非解离氨基酸；酸性氨基酸；碱性氨基酸

2. 16%

3. N-端；C-端

4. α-螺旋；β-折叠；β-转角；无规则卷曲

5. 缬氨酸

6. 肽键；氢键；疏水键；疏水键

7. 右手；3.6

8. pH

9. 水化层；同性电荷层

10. 球状蛋白质；纤维状蛋白质

11. 盐析；有机溶剂沉淀；重金属盐沉淀；生物碱试剂沉淀

三、判断题

1. × 2. × 3. √ 4. √ 5. √ 6. √ 7. × 8. ×

四、名词解释

1. 等电点 (pI)：使某氨基酸 (蛋白质) 解离所带正、负电荷数相等，净电荷为零时的溶液 pH 称为该氨基酸 (蛋白质) 的等电点。

2. 蛋白质的一级结构：蛋白质的一级结构是指蛋白质多肽链中氨基酸的排列顺序。

3. 蛋白质的二级结构：蛋白质的二级结构指蛋白质多肽链中主链原子在局部空间的排布，不包括氨基酸残基侧链的构象。

4. 蛋白质的三级结构：蛋白质的三级结构是指整条多肽链中全部氨基酸的相对空间位置，即肽链中所有原子在三维空间的排布位置。

5. 蛋白质的四级结构：由两个或两个以上具有独立三级结构的多肽链借次级键连接而成的复杂结构，称为蛋白质的四级结构。

6. 蛋白质的空间结构：指蛋白质分子中各种原子、基团在三维空间上的相对位置。包括蛋白质的二级、三级、四级结构。

7. 亚基：蛋白质四级结构中每条具有独立三级结构的多肽链单位称为亚基或亚单位。

8. 变构效应：指一些蛋白质由于受某些因素的影响，其一级结构不变而空间结构发生一定的变化，导致其生物功能的改变。

9. 蛋白质的变性：在某些理化因素的作用下，蛋白质特定的空间结构破坏而导致理化性质改变和生物学活性丧失，这种现象称为蛋白质的变性。

10. 盐析：向蛋白质溶液中加入高浓度的中性盐致使蛋白质溶解度降低而从溶液中析出的现象，称为盐析。

五、问答题

(略)

第二章 核酸化学

一、选择题

（一）最佳选择题

1. C 2. B 3. D 4. C 5. C 6. D 7. C 8. A 9. B 10. B 11. D 12. C 13. B 14. C
15. D 16. C 17. D 18. D 19. C 20. D 21. C 22. C 23. D 24. C 25. C 26. D 27. B
28. D

（二）配伍选择题

1. D 2. B 3. A 4. C 5. B 6. C 7. A 8. B 9. B 10. A

二、填空题

1. 胞核；胞质

2. 作为遗传物质；参与蛋白质生物合成

3. A、G、C、T；A、G、C、U

4. 脱氧核糖；核糖

5. 核苷酸；3′,5′-磷酸二酯键

6. 直接模板；活化了的氨基酸的搬运工具；与多种蛋白质结合成核蛋白体作为蛋白质生物合成的"装配机"

7. cAMP；cGMP

8. 氢键；碱基堆积力

9. 核酶

10. 增色效应

三、判断题

1. × 2. × 3. √ 4. √ 5. × 6. × 7. × 8. × 9. × 10. ×

四、名词解释

1. DNA 的一级结构：在多核苷酸链中，脱氧核糖核苷酸的排列顺序称为 DNA 的一级结构。

2. 核酸变性：是指在理化因素作用下，核酸分子中的氢键断裂，双螺旋结构松散分开，形成无规则单链线团结构的过程。

3. 热变性 DNA 的复性：热变性的 DNA 溶液经缓慢冷却，可使两条彼此分离的单链重新缔合而形成双螺旋结构的过程。

4. T_m：融解温度，也称解链温度。即 DNA 热变性过程中，DNA 解链 50% 时的温度，或 DAN 解链曲线中点的温度，或紫外吸收达到最大值与最小值差值一半时的温度。

5. 退火：热变性 DNA 缓慢降温的过程。

6. 核酸分子杂交：使不同来源的核酸分子（DNA 或 RNA 分子）变性后一起复性，含有部分互补的碱基序列的单链，形成局部杂化双链的过程称为分子杂交。

7. 探针：采用适当的同位素或其他发光物质标记其末端或全链的序列已知的一小段（数十个至数百个）核苷酸聚合的单链。

探针技术：探针在适当溶液或环境中与待测 DNA 杂交，再通过放射自显影或其他检测手段，检测待测 DNA 分子中是否含有与探针同源的 DNA 序列的技术。

五、问答题

（略）

第三章 酶

一、选择题

（一）最佳选择题

1. D 2. A 3. B 4. C 5. D 6. D 7. D 8. C 9. D 10. C 11. C 12. D 13. D 14. C
15. C 16. D 17. B 18. C 19. A 20. A 21. A 22. C 23. A 24. A

（二）配伍选择题

1. A 2. B 3. A 4. C 5. D 6. C 7. B 8. A

二、填空题

1. 绝对专一性；相对专一性；立体异构专一性

2. 酶蛋白；辅助因子；辅酶；辅基；酶蛋白

3. TPP；FAD（FMN）；磷酸吡哆醛（胺）；NAD$^+$（NADP$^+$）；CoA（ACP）

4. 酶浓度；底物浓度；温度；pH；抑制剂；激活剂

5. 酶蛋白；辅酶（辅基）；底物

6. 增加反应分子碰撞机会、v 增大；酶变性失活加速、v 变小

7. 极低；变性失活；回升；活性

8. 不可逆抑制；可逆抑制

9. 底物；活性中心；抑制剂与底物；底物浓度

10. 氧化还原酶类；水解酶类；连接酶类

三、判断题

1. ×　2. √　3. ×　4. √　5. ×　6. ×

四、名词解释

1. 必需基团：与酶活性密切相关的化学基团称为必需基团。

2. 酶的活性中心：酶活性中心是酶分子空间结构上由必需基团构成的、具一定空间构象、直接参与酶促反应的区域。

3. 酶原与酶原的激活：在细胞内合成或初分泌时以无活性状态存在的酶的前身物称为酶原。无活性的酶原在一定条件下转变为有活性的酶的过程称为酶原的激活。

4. 同工酶：催化相同的化学反应，但酶蛋白的分子结构、理化性质和免疫学性质不同的一组酶称为同工酶。

5. 最适温度及最适 pH：酶催化效率最高时的 pH 称为酶的最适 pH；酶促反应速度达到最大值时即酶活性最大时的温度称为酶的最适温度。

6. 不可逆抑制：抑制剂与酶的必需基团以牢固的共价键结合从而使酶活性丧失，不能用透析、超滤等物理方法除去这些抑制剂而恢复酶活性称为不可逆抑制。

五、问答题

（略）

第四章　糖　代　谢

一、选择题

（一）最佳选择题

1. A　2. A　3. C　4. D　5. B　6. B　7. D　8. A　9. C　10. D　11. C　12. D　13. C　14. B　15. C　16. C　17. D　18. C　19. B　20. B　21. C　22. B　23. A　24. D　25. B　26. B　27. D　28. C　29. D　30. D　31. A

（二）配伍选择题

1. B　2. A　3. C　4. A　5. C　6. D　7. B　8. C　9. D　10. A　11. B

二、填空题

1. 葡萄糖；糖原

2. 线粒体；糖酵解

3. TPP；辅酶 A；NAD$^+$；FAD；硫辛酸

4. 柠檬酸合成酶；异柠檬酸脱氢酶；α-酮戊二酸脱氢酶系

5. 4；2；12；2

6. 5-磷酸核糖；NADPH

7. UDPG

8. 糖原合酶；磷酸化酶

9. 葡萄糖-6-磷酸酶

10. 己糖激酶；磷酸果糖激酶；丙酮酸激酶；葡萄糖-6-磷酸酶；果糖二磷酸酶；丙酮酸羧化酶；磷酸烯醇式丙酮酸羧激酶

11. 食物中糖的消化吸收；肝糖原分解；糖异生

12. 胰岛素；胰高血糖素；肾上腺素；生长激素

三、判断题

1. ×　2. ×　3. √　4. ×　5. √　6. ×　7. √　8. ×　9. √　10. ×　11. √　12. ×

四、名词解释

1. 糖酵解：指葡萄糖或糖原在无氧或氧供应不足的情况下，分解为乳酸并生成少量 ATP 的过程。

2. 糖有氧氧化：葡萄糖或糖原在有氧条件下彻底氧化成 CO_2 和 H_2O，并产生大量能量的过程。

3. 三羧酸循环：从乙酰辅酶 A 和草酰乙酸缩合成含三个羧基的柠檬酸开始，经过脱氢、脱羧等一系列反应，最终草酰乙酸得以再生的循环反应过程。

4. 糖异生作用：由非糖物质转变为葡萄糖或糖原的过程。

5. 糖原合成：由单糖（主要是葡萄糖）合成糖原的过程。

6. 糖原分解：肝糖原分解生成葡萄糖的过程。

7. 血糖：指血液中的葡萄糖。正常人空腹血糖值为：3.89～6.11mmol/L。

五、问答题

（略）

第五章 生物氧化

一、选择题

（一）最佳选择题

1. C 2. C 3. B 4. C 5. C 6. B 7. C 8. A 9. D 10. A 11. D 12. D 13. A 14. C 15. C 16. A 17. A 18. D 19. D 20. C 21. C

（二）配伍选择题

1. D 2. C 3. B 4. A 5. D 6. B 7. C

二、填空题

1. 脱电子；脱氢；加氧

2. NADH 呼吸链；FADH$_2$ 呼吸链/琥珀酸呼吸链；NADH 呼吸链；3；2

3. CoQ；Cytc；NADH-CoQ 还原酶；琥珀酸-CoQ 还原酶；细胞色素 c 还原酶；细胞色素 c 氧化酶

4. NADH→CoQ；Cytb→Cytc；Cytaa$_3$→O$_2$

5. 底物水平磷酸化；氧化磷酸化；氧化磷酸化

6. 1,3-二磷酸甘油酸转变为 3-磷酸甘油酸；磷酸烯醇式丙酮酸转变为丙酮酸；琥珀酰 CoA 转变为琥珀酸

7. α-磷酸甘油穿梭；苹果酸-天冬氨酸穿梭

三、判断题

1. √ 2. × 3. √ 4. × 5. × 6. ×

四、名词解释

1. 生物氧化：物质在生物体内的氧化分解过程，主要指糖、脂肪和蛋白质等营养物质在细胞内彻底氧化成 H$_2$O 和 CO$_2$ 并释出能量的过程。

2. 呼吸链：指线粒体内膜上由一系列递氢体和递电子体按一定顺序排列形成的传递氢或电子的体系，可将代谢物脱下的成对氢原子传递给氧生成水。由于此过程与细胞呼吸有关，因此称为呼吸链。

3. 高能键：水解时释出的能量＞21kJ/mol 的化学键。

高能化合物：含有高能键的化合物。

4. 底物水平磷酸化：底物分子中高能键的能量直接转移给 ADP 或其他核苷二磷酸，使其磷酸化生成 ATP 或其他核苷三磷酸的过程。

5. 氧化磷酸化：由代谢物脱下的氢通过呼吸链传递给氧生成水，同时逐步释放能量，使 ADP 磷酸化形成 ATP，这种氧化和磷酸化相偶联的过程。

6. P/O 比值：每消耗 1mol 氧原子时 ADP 磷酸化成 ATP 所消耗的无机磷的摩尔数。

7. 解偶联作用：在解偶联剂作用下，使氧化和磷酸化脱节，以致氧化过程照常进行但不能生成 ATP。

五、问答题

（略）

第六章 脂类代谢

一、选择题

（一）最佳选择题

1. C 2. D 3. B 4. C 5. C 6. B 7. A 8. D 9. B 10. C 11. C 12. C 13. B 14. C

15．B　16．A　17．B　18．C　19．D　20．B　21．D　22．D　23．D　24．C　25．C　26．C　27．A　28．A　29．A

（二）配伍选择题

1．C　2．D　3．A　4．C　5．B　6．A　7．C　8．B　9．A

二、填空题

1．三酰甘油（或甘油三酯）；磷脂；糖脂；胆固醇；胆固醇酯

2．甘油一酯脂肪酶；甘油二酯脂肪酶；甘油三酯脂肪酶；甘油三酯脂肪酶；激素敏感脂肪酶

3．血糖（葡萄糖）；酮体

4．乙酰 CoA 羧化酶；HMG-CoA 合成酶

5．18；36；16；糖代谢

6．脂肪酸；磷酸盐；胆碱；乙醇胺；丝氨酸；肌醇；ATP；CTP

7．乳糜微粒；β-脂蛋白；前 β-脂蛋白；α-脂蛋白

8．7；8；7；7

9．NAD^+；FAD；$NADPH+H^+$

10．乙酰 CoA；胆汁酸；维生素 D_3；类固醇激素；胆汁；HMG-CoA 还原酶

三、判断题

1．×　2．×　3．√　4．×　5．√

四、名词解释

1．必需脂肪酸：是体内必需但又不能自身合成，需由食物供给的脂肪酸；包括亚油酸、亚麻酸和花生四烯酸。

2．血浆脂蛋白：是血液中的脂类与蛋白质结合成的可溶性的复合体，是血脂的存在和运输形式。

3．酮体：是脂肪酸在肝内分解代谢生成的一类中间产物；包括乙酰乙酸、β-羟丁酸和丙酮；酮体作为能源物质在肝外组织氧化利用。

4．脂肪动员：脂肪细胞内储存的脂肪在脂肪酶的作用下逐步水解，生成脂肪酸和甘油释放入血供其他组织摄取利用。

5．脂解激素：指能增强脂肪动员的关键酶——甘油三酯脂肪酶的活性，从而增强脂肪分解作用的激素，包括胰高血糖素、肾上腺素、促肾上腺皮质激素。

6．抗脂解激素：指能抑制脂肪动员的关键酶——甘油三酯脂肪酶的活性，从而抑制脂肪分解作用的激素，包括胰岛素。

7．脂肪酸（脂酰基）的 β-氧化：脂肪酸（脂酰基）在线粒体内的氧化分解从其羧基端的 β-碳原子开始，每次断裂下来 1 分子乙酰 CoA 的循环反应过程。

8．血脂：血浆中各种脂类的总称。包括甘油三酯、磷脂、胆固醇及其酯、游离的脂肪酸。

9．载脂蛋白（Apo）：指血浆脂蛋白中的蛋白质部分。其基本功能是运载脂类。这是一类主要由肝和小肠合成的特异球蛋白。

五、问答题

（略）

第七章　蛋白质分解代谢

一、选择题

（一）最佳选择题

1．D　2．C　3．C　4．C　5．A　6．A　7．A　8．B　9．B　10．D　11．A　12．A　13．B　14．D　15．B　16．D　17．C　18．C　19．C　20．D　21．C　22．B　23．A

（二）配伍选择题

1．D　2．A　3．B　4．C　5．A　6．C　7．B　8．D

二、填空题

1．摄入氮；排出氮；氮总平衡；氮正平衡；氮负平衡；70～80

2．转氨基作用；氧化脱氨基作用；联合脱氨基作用；联合脱氨基作用

3. 转氨基偶联氧化脱氨基作用；转氨基偶联嘌呤核苷酸循环/嘌呤核苷酸循环；转氨基偶联氧化脱氨基作用

4. 转氨酶；L-谷氨酸脱氢酶；磷酸吡哆醛/磷酸吡哆胺；NAD^+；$NADP^+$；维生素 B_6；维生素 PP

5. 谷氨酰胺；丙氨酸-葡萄糖循环

6. NH_3；天冬氨酸

7. 谷氨酸；组氨酸；色氨酸；半胱氨酸

8. 甲基；亚甲基；次甲基；亚氨甲基；甲酰基；四氢叶酸；叶酸

9. S-腺苷蛋氨酸；直接；N^5-甲基四氢叶酸

10. $3'$-磷酸腺苷-$5'$磷酸硫酸/PAPS

三、判断题

1. × 2. × 3. × 4. × 5. √ 6. √ 7. × 8. √ 9. × 10. × 11. ×

四、名词解释

1. 必需氨基酸：机体需要但不能自身合成，必须由食物供给的氨基酸。

2. 蛋白质的互补作用：营养价值较低的蛋白质共同食用，则必需氨基酸可以相互补充从而提高营养价值。

3. 蛋白质的腐败作用：肠道细菌对未消化的蛋白质及其未吸收的消化产物的分解作用。

4. 氨基酸代谢池：外源性氨基酸和内源性氨基酸混在一起，分布于机体各处共同参与代谢。

5. 生糖氨基酸：可转变为糖的氨基酸。

6. 生酮氨基酸：可转变为脂类和酮体的氨基酸。

7. 生糖兼生酮氨基酸：既可转变为糖也可转变为脂类和酮体的氨基酸。

8. 鸟氨酸循环：主要在肝脏中进行，以 NH_3 和 CO_2 为原料合成尿素的过程，用以解氨毒。由于该过程开始需要鸟氨酸参与，最后又重新生成鸟氨酸，因此称为鸟氨酸循环。

9. 一碳单位：某些氨基酸在代谢过程中产生的含有一个碳原子的基团。

五、问答题

（略）

第八章　核苷酸代谢

一、选择题

(一) 最佳选择题

1. B 2. C 3. B 4. D 5. C 6. C 7. D 8. C 9. C 10. D 11. D 12. B 13. D

(二) 配伍选择题

1. D 2. C 3. C 4. D 5. B

二、填空题

1. 天冬氨酸；谷氨酰胺

2. 胸腺嘧啶

3. IMP

4. UMP

5. 甘氨酸；天冬氨酸；谷氨酰胺；CO_2；一碳单位

6. dUMP

7. 二

8. 尿酸

9. HGPRT

10. 5-氟尿嘧啶

三、判断题

1. √ 2. √ 3. × 4. × 5. × 6. √ 7. √ 8. × 9. √ 10. ×

四、名词解释

1. 从头合成途径：以氨基酸、一碳单位、CO_2 和磷酸核糖等简单物质为原料，经过一系列酶促反应，合成嘌呤（或嘧啶）核苷酸的过程。

2. 补救合成途径：用体内现成的嘌呤（或嘧啶）作为原料，经过比较简单的反应，合成核苷酸的过程。

（略）

第九章　物质代谢的联系与调节

一、选择题

（一）最佳选择题

1. C　2. B　3. A　4. B　5. D　6. D　7. C　8. A　9. B　10. A　11. C　12. B　13. C　14. A　15. B　16. A　17. D　18. D　19. A　20. C

（二）配伍选择题

1. A　2. D　3. B　4. C　5. A

二、填空题

1. 细胞水平；激素水平；整体水平

2. 酶活性的调节；酶量的调节

3. 变构调节；化学修饰

4. 磷酸化和脱磷酸化

5. 催化亚基；调节亚基

6. 反馈调节

7. 蛋白激酶；磷蛋白磷酸酶

8. 诱导；阻遏

9. 细胞膜受体激素；细胞内受体激素

10. 增强；减少

三、判断题

1. ×　2. √　3. ×　4. √　5. ×　6. √　7. ×

四、名词解释

1. 限速酶：决定某一代谢途径的速度和方向的某一个或少数几个具调节作用的酶称为限速酶，是代谢途径的关键酶。

2. 变构调节（别构调节）：小分子化合物与酶蛋白分子活性中心以外的某一部位特异结合，引起酶蛋白分子构象变化，从而改变酶的活性。

3. 化学修饰调节：酶蛋白肽链上某些残基在酶的催化下发生可逆的共价修饰，从而引起酶活性改变，这种调节称为酶的化学修饰调节。

五、问答题

（略）

第十章　肝胆生化

一、选择题

（一）最佳选择题

1. A　2. D　3. C　4. D　5. C　6. B　7. A　8. C　9. B　10. D　11. C　12. B　13. A　14. C　15. A　16. D　17. C　18. B　19. A　20. D

（二）配伍选择题

1. B　2. D　3. A　4. D　5. C

二、填空题

1. 胆固醇；7-α-羟化酶

2. VLDL；HDL

3. 初级胆汁酸；肠菌

4. 甘氨酸；牛磺酸

5. 清蛋白；血浆胶体渗透压

6. 鸟氨酸；尿素

7. 糖原合成；糖原分解；糖异生

8. 氧化；还原；水解反应；结合反应

9. 血红素加氧酶

10. 中胆素原；粪胆素原；尿胆素原

三、判断题

1. ×　2. ×　3. ×　4. ×　5. √

四、名词解释

1. 生物转化作用：非营养性物质在肝脏内，经过氧化、还原、水解和结合反应，使脂溶性较强的物质获得极性基团，增加水溶性，而易于随胆汁或尿液排出体外的过程。

2. 胆汁酸的肠肝循环：由肠道重吸收的胆汁酸由门静脉入肝，在肝脏中游离型胆汁酸又转变成结合型胆汁酸，并同新合成的结合型胆汁酸一起再次排入肠道的过程。

3. 胆色素的肠肝循环：少量胆素原（约10%～20%）可在回肠下段和结肠中段被重吸收入血，经门静脉入肝，并大部分由肝细胞再分泌随胆汁排入肠腔。此过程称为胆色素的肠肝循环。

4. 未结合胆红素：主要指血浆中由游离胆红素与清蛋白结合生成的"胆红素-清蛋白"复合体。也包括游离胆红素。

5. 结合胆红素：胆红素在肝细胞中受葡萄糖醛酸基转移酶催化与UDPGA作用生成水溶性的胆红素葡萄糖醛酸酯称为结合胆红素。

五、问答题

（略）

第十一章 DNA的生物合成——复制

一、选择题

（一）最佳选择题

1. D 2. D 3. C 4. C 5. D 6. C 7. A 8. D 9. D 10. D 11. C 12. B 13. B 14. D 15. C 16. D 17. D 18. C 19. D 20. B 21. C

（二）配伍选择题

1. B 2. A 3. C 4. D 5. B 6. B 7. D

二、填空题

1. 领头链；随从链

2. 移码突变

3. 起始；延伸；终止

4. 引物；引物酶；5'-3'

5. DNA-pol I

6. 直接修复；切除修复；重组修复；SOS修复

7. 自发突变；物理因素；化学因素；生物因素

8. RNA；dNTP；5'-3'；逆转录酶

9. 切除修复

10. 复制叉

三、判断题

1. × 2. × 3. √ 4. √ 5. √ 6. × 7. √ 8. √

四、名词解释

1. 基因：生物体内携带有遗传信息的DNA或RNA功能性片段。

2. 中心法则：以DNA为中心，DNA可以通过复制将遗传信息传递给下一代，或通过转录生成RNA，RNA再翻译成蛋白质，RNA也可以复制或通过逆转录生成DNA。

3. 半保留复制：子代DNA一股单链完整地来自亲代，另一股单链是重新合成的，这种复制方式称为半保留复制。

4. 半不连续复制：DNA复制时领头链连续合成而随从链不连续合成的方式即为半不连续复制。

5. 领头链和随从链：DNA复制时沿解链方向生成的子链其复制过程可以连续进行，这股链即为领头链；而沿着与解链相反方向生成的子链其复制过程不能连续进行，这股链即为随从链。

6. 复制：以亲代DNA为模板，按照碱基互补配对原则生物合成出完全相同的子代DNA的过程。

7. 逆转录：逆转录是以RNA为模板，dNTP为原料，在逆转录酶的催化下合成DNA的过程。

8. DNA损伤：指一个或多个脱氧核糖核苷酸的构成的改变，造成DNA结构与功能的破坏，导致细胞DNA在复制过程中发生基因突变，这种现象称为DNA损伤。

9. 冈崎片段：随从链合成时首先合成的不连续的DNA片段称为冈崎片段。

五、问答题

（略）

第十二章　RNA 的生物合成——转录

一、选择题

（一）最佳选择题

1. A　2. A　3. D　4. A　5. C　6. C　7. B　8. B　9. B　10. C　11. D　12. A　13. C　14. D
15. C　16. C　17. D　18. D　19. A

（二）配伍选择题

1. A　2. B　3. D　4. A　5. C　6. D　7. C

二、填空题

1. 编码链

2. hnRNA；RNA-pol Ⅱ

3. 起始；延伸；终止

4. $\alpha_2\beta\beta'\sigma$；$\alpha_2\beta\beta'$

5. RNA-pol Ⅰ；45sRNA

6. hnRNA

7. $5'\text{-}3'$

8. DNA 模板；四种 NTP 原料；RNA 聚合酶；蛋白质因子及必需的无机离子

9. RNA-pol Ⅲ

10. 细胞核

三、判断题

1. √　2. √　3. √　4. ×　5. √　6. √　7. ×

四、名词解释

1. 转录：指以 DNA 的一条链为模板，NTP 为原料，按碱基配对的原则，在 DNA 指导的 RNA 聚合酶（DDRP）催化下合成 RNA 的过程。

2. 不对称转录：指对一个基因而言转录时仅以 DNA 的一条链作为模板，而对一个 DNA 分子上的不同基因而言，模板链并不总是固定在同一股单链上。

3. 外显子和内含子：hnRNA 中的编码序列称为外显子，非编码序列称为内含子。

4. 启动子：启动子是位于结构基因 $5'$-端上游的一段 DNA 序列，能够指导 RNA 聚合酶同模板正确的结合，启动基因转录，是转录调控的关键部位。

5. 编码链和模板链：能进行转录的 DNA 单链称为模板链，不能进行转录的另一条 DNA 单链称为编码链。

五、问答题

（略）

第十三章　蛋白质的生物合成——翻译

一、选择题

（一）最佳选择题

1. D　2. C　3. D　4. C　5. D　6. A　7. D　8. A　9. A　10. B　11. A　12. C　13. B　14. D
15. D　16. C　17. D　18. A　19. C　20. B　21. A　22. C

（二）配伍选择题

1. B　2. D　3. A　4. C　5. D　6. B　7. A　8. C

二、填空题

1. $5'\rightarrow3'$；N-端→C-端

2. RNA；蛋白质

3. 起始；终止

4. 蛋氨酸（甲硫氨酸）；起始密码子

5. A；C；U

6. 大；小；rRNA

7. 氨基酰 tRNA 合成酶；氨基酰 tRNA

8. A 位（肽酰位）；P 位（氨基酰位）

9. 注册（进位）；成肽；转位

10. 释放；终止

三、判断题

1. √　2. ×　3. ×　4. ×　5. ×　6. ×

四、名词解释

1. 翻译：在核蛋白体上，以 mRNA 为模板，20 种基本氨基酸为原料，按照密码子的要求，合成蛋白质的过程。

2. 密码子：mRNA 分子中每个三联碱基代表一种氨基酸或一定的遗传信息，称为密码子。

3. 移码突变：由插入或缺失核苷酸造成三联体密码的阅读方式改变，导致蛋白质氨基酸排列顺序发生改变的一类突变，也称为框移突变。

4. 反密码子：tRNA 的反密码环上的三联碱基能与密码子反向互补，称为反密码子。

5. 广义的核蛋白体循环：指蛋白质的合成全过程，即起始、延长和终止三个阶段。

6. 分子病：由于 DNA 分子的基因缺陷，使 RNA 和蛋白质合成异常，导致机体某些结构与功能障碍，造成的疾病称为分子病。

五、问答题

（略）

第十四章　基因工程与 PCR

一、选择题

（一）最佳选择题

1. D　2. B　3. C　4. A　5. B　6. D　7. D　8. B　9. C　10. C　11. B　12. C　13. D　14. C　15. B　16. D　17. B　18. D　19. A　20. C

（二）配伍选择题

1. B　2. C　3. C　4. A　5. D

二、填空题

1. 目的基因；载体

2. 黏性末端；平头末端

3. 转化；转染；感染

4. 化学合成法；基因组文库法；cDNA 文库法；PCR 法

5. DNA 连接酶

6. 模板 DNA；特异引物；四种 dNTP；耐热的 DNA 聚合酶；含 Mg^{2+} 的缓冲液

7. $3'$；DNA

8. 变性；退火；延伸

9. 引物的 T_m 值$-5℃$；72℃

三、判断题

1. ×　2. √　3. √　4. ×　5. √

四、名词解释

1. 克隆与克隆化：克隆就是来自同一母本的所有副本或拷贝的集合；克隆化指获取同一拷贝的过程。

2. 基因工程：是指利用基因重组技术将目的基因插入载体，形成具有自我复制能力的重组 DNA 分子，继而转入宿主细胞并稳定存在，使宿主细胞产生人们需要的外源 DNA 或蛋白质分子。

3. 目的基因：基因工程研究中，研究者感兴趣的基因或特定的 DNA 序列。

4. 基因载体：可携带目的基因（外源性 DNA）进入宿主细胞进行扩增或最终表达为蛋白质的特定 DNA 分子。

5. 聚合酶链式反应（PCR）：即体外快速扩增 DNA 的技术，应用 DNA 变性、复性及复制的原理，在有模板 DNA、特异引物、四种 dNTP 及耐热的 DNA 聚合酶存在的条件下，经反复变性、退火及延伸循环在体外快速合成 DNA 分子。

五、问答题

（略）

综合测试题一

一、选择题

（一）最佳选择题

1. C　2. B　3. A　4. D　5. D　6. C　7. B　8. A　9. C　10. D　11. B　12. A　13. D　14. C

15. D 16. A 17. C 18. C 19. D 20. D 21. B 22. B 23. C 24. D 25. C 26. D 27. C
28. A 29. A 30. A 31. C 32. D 33. B 34. D 35. C 36. B 37. B 38. A 39. C 40. B
41. D 42. C 43. B 44. B 45. C 46. B 47. B 48. C 49. D 50. B

（二）配伍选择题

51. D 52. A 53. C 54. A 55. B 56. D

二、填空题

1. 己糖激酶；磷酸果糖激酶；丙酮酸激酶

2. $5'\rightarrow3'$；$5'\rightarrow3'$；N-端→C-端

3. 合成核糖；生成 NADPH

4. 高效性；专一性；可调节性；不稳定性

5. 丙酮酸氧化脱羧；脂肪酸 β-氧化；酮体转化；生酮氨基酸分解

三、名词解释

1. 不对称转录：基因的转录只在 DNA 的一条链上进行，并且各个基因的模板链并不总在同一条链上的现象称为不对称转录。

2. 同工酶：催化相同的化学反应，但酶蛋白的分子结构、理化性质和免疫学性质不同的一组酶称为同工酶。

3. 尿素循环：即鸟氨酸等氨基酸参与的由 2 分子 NH_3 和 1 分子 CO_2 合成 1 分子尿素过程所经历的循环式反应。

4. 糖异生：由非糖物质转变为葡萄糖或糖原的过程称为糖异生。

5. 半保留复制：生成的子代 DNA 中，有一条链来自母链，另一条为新合成的链。这种子代 DNA 分子中总是保留一条来自亲代 DNA 链的复制称为半保留复制。

四、简答题

1. 酮体在什么器官生成？如何生成？有何意义？

酮体的生成：肝脏

过程：脂肪酸 β-氧化产生的乙酰 CoA 经过乙酰基转移酶、HMG-CoA 合成酶（关键酶）、HMG-CoA 裂解酶的作用最后转变为乙酰乙酸、β-羟丁酸、丙酮。

生理意义：

（1）酮体是脂肪酸在肝中代谢的正常产物。

（2）酮体是肝向肝外组织输出能源物质的一种重要方式。

（3）在长期饥饿、糖供应严重不足时，酮体可以代替葡萄糖，成为脑及肌肉的主要能源。

病理意义：

（1）正常情况下，血液中酮体浓度相对恒定，维持在 0.8～5mg 之间，尿中检不出酮体。

（2）在病理状态下，酮体生成过量而超过肝外组织利用酮体的能力，出现血中酮体含量过高，称为酮血症。严重时尿中有酮体（酮尿症）。因为酮体中乙酰乙酸和 β-羟丁酸是酸性物质，血中浓度过高，会引起血液 pH 值下降，导致酮症酸中毒。

2. 简述体内氨基酸的代谢动态。

正常情况下，体内氨基酸的来源和去路处于动态平衡。

体内氨基酸的主要来源有三：食物蛋白质经消化吸收

组织蛋白分解释放

体内代谢合成的营养非必需氨基酸

主要去路也有三：合成机体的组织蛋白

转变为重要含氮化合物（嘌呤、嘧啶、肌酸）

参加分解代谢（氧化释能或转化为糖、脂等）

另有微量随尿排出

3. 试就以下各点比较复制、转录和翻译三个过程的异同点。

（1）原料

(2) 模板

(3) 产物

(4) 主要的酶

(5) 方向性

	复制	转录	翻译
(1) 原料	dNTP	NTP	氨基酸
(2) 模板	单 DNA 链	单 DNA 链	mRNA
(3) 产物	DNA	RNA	多肽链
(4) 酶	DNA 聚合酶	RNA 聚合酶	氨基酰-tRNA 合成酶
	引物酶		转肽酶
	连接酶		
	解链酶和解旋的酶		
(5) 方向性	$5'\rightarrow3'$	$5'\rightarrow3'$	N-端$\rightarrow C$-端

综合测试题二

一、选择题

(一) 最佳选择题

1. D 2. A 3. A 4. B 5. A 6. C 7. C 8. B 9. C 10. D 11. B 12. D 13. D 14. B 15. B 16. B 17. C 18. D 19. B 20. A 21. C 22. D 23. A 24. A 25. A 26. C 27. D 28. B 29. D 30. B 31. A 32. D 33. C 34. B 35. D 36. D 37. D 38. B 39. A 40. B 41. D 42. C 43. B 44. A 45. C 46. B 47. B 48. C 49. D 50. D

(二) 配伍选择题

51. D 52. C 53. A 54. A 55. C 56. B

二、填空题

1. cAMP；cGMP

2. 细胞液

3. 氧化磷酸化；底物水平磷酸化

4. 丙酮；乙酰乙酸；β-羟丁酸

5. IMP

6. 氨基酸的分解作用产生的氨；肠道重吸收的氨；肾脏泌氨

三、名词解释

1. 同工酶：催化同一化学反应而化学组成（或来源）不同的一组酶。

2. 糖异生：由非糖化合物转变为葡萄糖或糖原的过程称为糖异生。

3. 脂肪动员：脂肪细胞内储存的脂肪在脂肪酶的作用下逐步水解，释出脂肪酸和甘油经血液循环供其他组织利用。

4. 一碳单位：某些氨基酸在分解代谢过程中产生的含有一个碳原子的有机基团。

5. 半保留复制：DNA 复制时，亲代 DNA 中的两条链分别作为模板，按照碱基互补配对规律合成子链，形成两分子的子代 DNA；这样每个子代 DNA 分子都是由一条亲代链和一条新合成的链组成。

6. P/O 比值：无机磷消耗的摩尔数与氧原子消耗的摩尔数之比。

四、简答题

1. 试述蛋白质变性的概念、引起变性的因素及变性的实质。

(1) 变性的定义：在某些理化因素作用下，蛋白质空间构象被破坏，从而导致理化性质和生物学活性改变，称为蛋白质变性。

(2) 物理因素：如加热、高压、紫外线、超声波、剧烈震荡等；化学因素：如强酸、强碱、重金属离子、乙醇、生物碱等。

(3) 实质：蛋白质空间构象被破坏，一级结构完整。

2. 比较当酶分别在竞争性抑制剂、非竞争性抑制剂及反竞争性抑制剂存在时其对应 K_m 与 V_m 的变化情况。

项　目	K_m	V_m
竞争性抑制剂	变大	不变
非竞争性抑制剂	不变	变小
反竞争性抑制剂	变小 、	变小

3. 从原料、模板、酶、产物四个方面比较转录和逆转录。

项　目	转　录	逆　转　录
原料	NTP	dNTP
模板	DNA	RNA
主要酶	RNA 聚合酶	逆转录酶
产物	RNA	DNA